AF645523

Darf's einer mehr sein?

DER BESTSELLER **NEU** ÜBERARBEITET

ENTSPANNTES ZUSAMMENLEBEN MIT ZWEI UND MEHR HUNDEN

EMPFOHLEN VOM BHV

(Foto: Madeleine Franck)

Madeleine Franck & Rolf C. Franck

Darf's einer mehr sein?

DER BESTSELLER NEU ÜBERARBEITET

ENTSPANNTES ZUSAMMENLEBEN MIT ZWEI UND MEHR HUNDEN

CADMOS

Haftungsausschluss:
Autoren und Verlag haben den Inhalt dieses Buches mit großer Sorgfalt und nach bestem Wissen und Gewissen zusammengestellt. Für eventuelle Schäden an Mensch und Tier, die als Folge von Handlungen und/oder gefassten Beschlüssen aufgrund der gegebenen Informationen entstehen, kann dennoch keine Haftung übernommen werden.

Gender-Erklärung:
Aus Gründen der besseren Lesbarkeit verzichten wir im Cadmos-Verlag auf die gleichzeitige Verwendung der Sprachformen männlich, weiblich und divers (m/w/d) und wählen jeweils die männliche oder weibliche Form von personenbezogenen Hauptwörtern. Dies soll jedoch keinesfalls eine Geschlechterdiskriminierung oder eine Verletzung des Gleichheitsgrundsatzes zum Ausdruck bringen. Frauen, Männer und Diverse mögen sich von den Inhalten unserer Publikationen gleichermaßen angesprochen fühlen.

IMPRESSUM

CADMOS im CADMOS Verlag

Grafisches Konzept: www.ravenstein2.de
Covergestaltung: Gerlinde Gröll, www.cadmos.de
Satz: Lisa Hahsler
Lektorat: Madeleine Franck
Fotos am Umschlag: Madeleine Franck
Fotos im Innenteil: Madeleine Franck, Shutterstock

Druck: www.graspo.com

Deutsche Nationalbibliothek – CIP-Einheitsaufnahme
Die Deutsche Nationalbibliothek verzeichnet diese Publikation in der Deutschen Nationalbibliografie; detaillierte bibliografische Daten sind im Internet über http://dnb.ddb.de abrufbar.

Printed in EU

ISBN 978-3-8404-2072-6

INHALT

(Foto: Madeleine Franck)

INHALT

(Foto: Madeleine Franck)

(Foto: Madeleine Franck)

DARF'S EINER MEHR SEIN?

Wer darüber nachdenkt, einen weiteren Hund in die Familie aufzunehmen, tut das sicher nicht, um noch mehr Haare vom Sofa zu saugen. Und ob man bei einer Pro-Kontra-Liste objektiv bleibt, hängt wohl mehr von der eigenen Persönlichkeitsstruktur ab als von den gegebenen Lebensbedingungen. Der Wunsch nach einem weiteren Hund ist meist vor allem emotional begründet: Man möchte noch mal einen süßen Welpen aufwachsen sehen oder einem Tierschutzhund eine neue Chance geben. Es verschafft uns Menschen ein gutes Gefühl, Verantwortung für ein Lebewesen zu übernehmen und uns um dieses zu kümmern, wichtig für jemanden zu sein, geliebt zu werden. Wenn man schon mit einem einzelnen Hund viele positive Erlebnisse hat, warum sollten sich diese nicht verdoppeln oder vervielfachen lassen?

Das Zusammenleben mit mehreren Hunden kann bereichernd, genauso gut aber auch nervenaufreibend sein. Leicht werden kleine Erziehungsproblemchen durch Gruppendynamik und Stimmungsübertragung zu großen Problemen. Doch selbst damit arrangieren sich viele Mehrhundebesitzer irgendwie. Was wirklich an den Nerven zerrt, sind dagegen Spannungen und Konflikte zwischen den Hunden.

Mit diesem Buch möchten wir unsere Leserinnen und Leser teilhaben lassen an unseren Erfahrungen, die wir als Trainer und Verhaltensberater, aber auch ganz privat als Eltern einer Hundegroßfamilie gesammelt haben. Es freut uns sehr, dass wir zehn Jahre nach der Erstauflage dieses Buchs die Chance hatten, den Inhalt komplett zu überarbeiten. Wenn du die Frage „Darf's einer mehr sein?" mit „Ja" beantwortest, sollen dir diese Informationen dabei helfen, dass dein Familienleben auch mit mehreren Hunden für alle harmonisch verläuft.

(Foto: Madeleine Franck)

BEZIEHUNGEN

Die Karriere des Hundes ist eine echte Erfolgsgeschichte: War er ursprünglich vorwiegend Müllentsorger und Fleischlieferant in schlechten Zeiten, hat er sich dank seiner vielfältigen Fähigkeiten und selektiver Zucht zum wertvollen Arbeitstier entwickelt. Ob als Helfer bei der Jagd, als Hüte-, Treib- oder Herdenschutzhund, als Wach- und Schutzhund oder in jüngerer Zeit auch als Blindenhund, Begleiter und Assistenzhund für Menschen mit Behinderung, als Drogenschnüffler, Rettungshund oder Therapiehund – die Liste seiner Jobs ist lang.

Doch nicht Supernase, Hütetalent oder sonstige Arbeitseigenschaften machen den wahren Erfolg aus. „Die Karriere eines Einschmeichlers" betitelte „Der Spiegel" einmal einen Artikel über die Domestikation des Hundes, und wir finden diesen Begriff ausgesprochen passend. Dem Hund ist es gelungen, sich einen festen Platz in unserer Gesellschaft zu sichern, und zwar den eines Familienmitglieds. Dabei bringt er in den meisten Familien keinerlei Arbeitserleichterung, im Gegenteil, er verursacht eine Menge Aufwand. Um das Manko einer fehlenden Aufgabe auszugleichen, opfern seine Besitzer viel Zeit zur körperlichen und geistigen Auslastung ihres Hundes. Sie investieren Geld in Futter, schicke Halsbänder und Körbchen, Tierarzt, Hundeschule, Steuern und Versicherung. Warum nur?

GROSSFAMILIE MIT VIELEN HUNDEN

Es hat wenig mit Logik zu tun, dass Menschen nicht nur einen Hund haben, sondern sogar verrückt genug sind, sich einen zweiten, dritten oder vierten anzuschaffen. Als das Buch entstand, lebten wir mit zwei Jack Russell Terriern, zwei Border Collies und einem Sheltie zusammen, und wer das addiert, kommt auf fünf Hunde. Eine echte Patchworkfamilie und eindeutig zu viele Hunde, wie wir selbst fanden, aber wir wollten keinen Einzelnen von ihnen missen. Denn jeder von ihnen schien wie Millionen andere Hunde auch über diese ganz besondere Fähigkeit zu verfügen, sich in unser Herz zu schleichen. Hunde bauen wie selbstverständlich eine tiefe emotionale Beziehung zu uns auf, und genau deshalb lieben wir sie alle.

Inzwischen sind zehn Jahre vergangen. Erst vor Kurzem mussten wir Abschied nehmen von der letzten Hündin aus unserer damaligen Gruppe. Aktuell begleiten uns zwei Border Collies und eine Mini-Aussie-

Hündin. Mit ihnen ist das Zusammenleben anders und schon durch die kleinere Anzahl an Hunden deutlich unkomplizierter. Trotzdem wird es auch mit „nur" drei Hunden nie langweilig.

Es sind soziale Beziehungen, die unser Leben prägen und spannend machen. Beziehungen zu Menschen, aber eben auch Beziehungen zu Tieren. Zu verstehen, wie Beziehungen funktionieren, scheint den meisten Menschen ein großes Anliegen zu sein und spiegelt sich in der Masse an Ratgebern für Partnerschaft und Familie wider. Was Hunde betrifft, musste die Dominanztheorie mit dem Modell der Rangordnung lange als universelle Interpretationshilfe für Hundeverhalten und -beziehungen und Leitfaden für das eigene Auftreten herhalten. Zwar betrachten wir und viele andere Hundetrainer, Verhaltensforscher und Biologen diese als überholt, das Gedankengut sitzt aber immer noch tief. Der Wertewandel in der Hundewelt ist nach wie vor in vollem Gange und macht sich oft mehr an der Auswahl der Trainingsmethoden fest als an der kritischen Auseinandersetzung mit einem Beziehungsmodell.

Mensch – Hund

Unsere Sichtweise für die Beziehungen zwischen Mensch und Hund entspricht einem Eltern-Kind-Modell, mehrere Hunde in der Familie sehen wir demnach als Geschwister. Damit liefern wir die perfekte Vorlage für folgende Kritik: Ist das nicht eine völlige Vermenschlichung? Aus mehreren Gründen können wir mit diesem Einwand gut leben:

Fasst man den Prozess der Domestikation des Wolfes in wenigen Sätzen zusammen, so hat sich der Hund entwickelt, indem Wölfe die Vorteile eines Lebens in der Nähe des Menschen für sich entdeckten, als dieser sesshaft wurde. Geringere Fluchttendenz gegenüber Menschen ermöglichte den Zugang zu deren Abfall und damit zu einer Nahrungsquelle ohne große Anstrengungen. Die genetischen Konsequenzen daraus begründen den Erfolg des Hundes im Lebensraum „Menschenfamilie": Das Gefahrenvermeidungsverhalten von Hundewelpen setzt deutlich später ein als das von Wolfswelpen, was ihre Anpassungsfähigkeit an verschiedenste Lebensbedingungen und Umweltreize erleichtert. Im Vergleich zum Wolf wird der Hund nie erwachsen, sein Verhalten entspricht zeitlebens dem Reifestadium, das der Wolf kurz vor dem Eintreten der Geschlechtsreife erreicht. Vielleicht am wichtigsten ist jedoch, dass der Hund wie kein anderes Tier gelernt hat, den Menschen zu verstehen, seine Gestik und Mimik zu lesen, seine Gefühlsregungen einzuschätzen. Nicht einmal Primaten sind darin besser als Hunde, trotz ihrer engen genetischen Verwandtschaft zum Menschen.

Der Hund ist biologisch betrachtet so viel erfolgreicher als der Wolf, weil er sich zu jeder Zeit perfekt an eine biologische Nische angepasst hat. Dabei wurde der Mensch zu seinem wichtigsten Sozialpartner.

Wir als Trainer haben fast ausschließlich mit Leuten zu tun, die sich eine enge, innige Beziehung zu ihrem Hund wünschen und gerade deshalb oft mit einem schlechten Gewissen herumlaufen. „Ich weiß ja, dass ich das eigentlich nicht sollte ...", hören wir häufig, wenn es um das Betüddeln, Umsorgen und Verwöhnen des Vierbeiners geht. Für viele Menschen spielt der Hund heutzutage die Rolle eines Kindes, aber nur wenige trauen sich, das zuzugeben. Wenn aber doch genau dieser Aspekt einen entscheidenden Anteil an der Befriedigung ausmacht, die Hundehaltung mit sich bringt, was spricht dagegen? Nichts, solange Mensch und Hund davon profitieren.

Wir wissen, dass der Hund über die gleichen grundlegenden Emotionen verfügt wie wir; sein Gehirn, sein Nervensystem funktionieren in dieser Hinsicht gleich, sodass wir ihn auf dieser Ebene durchaus ähnlich sehen können wie einen Menschen, ein Kind. Je menschlicher wir den Hund sehen, umso besser ist es für ihn. Es hilft uns als Besitzer dabei, uns mehr auf das eigene Einfühlungsvermögen zu verlassen, um das Verhalten des Hundes einzuschätzen, und weniger den starren Regeln einer Beziehungs- oder Erziehungstheorie zu folgen. Selbst ein unerfahrener Mensch kann erkennen, wann ein Hund Angst hat, sich freut oder wann er lieber in Ruhe gelassen werden möchte. Je mehr ein Hund emotional verstanden und „vermenschlicht" wird, desto höher wird die Schwelle, ihn schlecht zu behandeln und etwa mit Stachelwürger oder Schlimmerem zu traktieren.

Genau dieser Aspekt der Vermenschlichung ist es, der Hundebesitzer in Empörung ausbrechen lässt, wenn sie damit konfrontiert werden, dass in anderen Teilen der Welt Hunde als Nahrungsmittel auf dem Tisch landen. Hätten wir zu Schweinen, Kühen oder Hühnern die gleiche emotionale Beziehung, wären deren Lebensbedingungen sicher besser und Massentierhaltung wäre kein Thema mehr.

DER MENSCH ALS ELTERNFIGUR

Wir erinnern uns: Die Dominanztheorie geht davon aus, dass Hunde analog zu Wölfen in hierarchischen Beziehungsstrukturen leben und innerhalb dieser Rangordnung an die Spitze streben. Durch das Einhalten bestimmter Regeln (zum Beispiel: Hund darf nicht auf

Kinder und Hunde brauchen beide Fürsorge, Nähe und Erziehung durch ihre Eltern. (Foto: Madeleine Franck)

erhöhte Plätze) soll der Mensch klarstellen, dass er die höchste Rangposition innehat, und damit Probleme im Zusammenleben verhindern. Leben zwei oder mehr Hunde gemeinsam in der Familie, so wird auch zwischen diesen eine Rangordnung angenommen: „Unsere Bella ist ganz klar die Chefin im Rudel." Selbst Hundehalter, die schon nicht mehr daran glauben, dass der Mensch das „Alphatier" spielen muss, meinen häufig zumindest unter ihren Vierbeinern eine Rangordnung zu erkennen.

Es hilft, sich die Dominanztheorie als eine Brille vorzustellen. Glaubt ein Hundebesitzer an diese Theorie, ist seine Brille immer gefärbt, und er wird das Verhalten, das er bei seinen Hunden beobachtet, entsprechend interpretieren. Wir plädieren dafür, die Brille komplett abzulegen, um für eine neue Sichtweise offen zu sein. Wenn man die Brille nur gegen eine andere tauscht, die statt von „Rangordnung" nun von „Führerschaft" spricht, ändert sich wenig an der Interpretation des Hundeverhaltens und der eigenen Rolle. Die scheinbar modernen Beziehungsmodelle vermeiden zwar oft den Begriff „Dominanz", meinen aber das Gleiche. Immer wenn es darum geht, die Autorität des Menschen gegenüber dem Hund zu sichern, um zu verhindern, dass dieser „die Kontrolle übernimmt", ist die Sicht gefärbt.

Wölfe leben nicht in Rangordnungen, sondern in Wolfsfamilien. Hunde sind keine Wölfe. Sie leben nicht in Hundefamilien, sondern binden sich an den Menschen. Sie streben nicht nach der Weltherrschaft, sondern wollen in der Regel einfach Dinge tun, die sich für sie gut anfühlen und ihre aktuellen Bedürfnisse befriedigen. Und genau das macht sie zu ewigen Kindern. Der englische Hundeexperte Prof. Dr. Peter Neville vergleicht Hunde mit Elfjährigen, womit wir ihn regelmäßig wieder zitieren. Wir würden zwar eher von Neunjährigen sprechen, aber der Vergleich mit Kindern ungefähr dieser Altersgruppe passt sehr gut. Was Kinder in diesem Alter noch brauchen, sind Fürsorge, Nähe, Schutz, aber auch Erziehung durch ihre Eltern.

Vielen Problemen kann vorgebeugt werden, wenn der Hund seinen Menschen als sichere Anlaufstelle und Beschützer in allen Notsituationen sieht. (Foto: Madeleine Franck)

DIE ROLLE DER HUNDEELTERN

Wenn wir von Eltern statt von Rudelführern sprechen, geht es uns darum, die intuitive Beziehungskompetenz von Hundebesitzern zu stärken. Denn der Mensch ist als Säugetier mit intensivem Brutpflegeverhalten bestens darauf ausgerichtet, sich fürsorglich und schützend um ein anderes Lebewesen zu kümmern. Schon beim Anblick von Hundewelpen wird mit Oxytocin der gleiche Botenstoff ausgeschüttet, der bei Müttern für den Milchfluss beim Stillen verantwortlich ist. Dieses sogenannte „Bindungshormon" hat neben der körperlichen vor allem eine psychische Wirkung: Es wirkt stabilisierend auf Beziehungen, sorgt für ein Gefühl des Vertrauens und der Verbundenheit.

Menschen können sehr gut die Elternrolle für ihre Vierbeiner spielen, wenn sie einfach ihren Gefühlen trauen. Gerade in schwierigen Situationen ist der erste Impuls meistens der beste. Wie oft hören wir von Hundebesitzern, dass sie ein ganz schlechtes Gefühl dabei hatten zuzusehen, wie ihr kleiner Welpe im Spiel mit anderen gemobbt wurde. In der Regel wollten sie ihm dann selbstverständlich helfen, ihm Schutz bieten, ihn auf den Arm nehmen. Doch nur wenige trauen sich, genau das Richtige zu tun, wenn der Trainer als „Experte" davon abrät. Uns ist es wichtig, dass der Welpe möglichst vom ersten Tag an beim neuen Besitzer kontinuierlich die Erfahrung macht, dass sein Mensch ihn beschützt. Es soll seine Standardstrategie werden, bei Problemen zu seiner Mami oder seinem Papi zu kommen. Sorgen diese immer für eine Lösung und damit für ein Erleichterungsgefühl beim Hund, brauchen andere Strategien wie Aggressionsverhalten oder Weglaufen erst gar nicht ausprobiert zu werden. Vielen Verhaltensproblemen könnte so vorgebeugt werden.

WORAUF KOMMT ES AN?

Uns ist beim Eltern-Kind-Modell am wichtigsten, dass diese Beziehung nicht durch sozialen Status definiert ist. Stattdessen ist die Elternrolle definiert durch die Übernahme von Verantwortung. Dabei geht es um die Verantwortung für das emotionale und körperliche Wohlbefinden des Hundes, aber auch um die Verantwortung für die Erziehung und die Befähigung, in unserem Alltag klarzukommen. Auch sehen wir Verhaltensprobleme nicht als Beziehungsprobleme an, wie es die Dominanztheorie impliziert. Dort wird überwiegend mangelnde Führungsstärke des Menschen für das Problem des Hundes verantwortlich gemacht. Aus unserer Sicht sind meist konkrete, situationsbezogene Erregungszustände des Hundes das Problem, die wenig damit zu tun haben, ob der Hund im Bett schläft oder als Erster durch die Tür geht.

Genau wie Kinder sind Hunde abhängig von der Bindung an die Eltern. Doch während Kinder irgendwann erwachsen und selbstständig werden, bleiben Hunde ihr Leben lang abhängig. Sie lernen zwar ständig dazu, brauchen aber auch als erwachsene Vierbeiner weiterhin unsere Nähe und Fürsorge. Gute Hundeeltern zeichnen sich unserer Meinung nach dadurch aus, dass sie eine liebevolle, enge Bindung zu ihrem Hund

Eine (Hunde-)Familie zehn Jahre später: Im Gegensatz zu Hunden werden Kinder im Laufe der Jahre erwachsen und unabhängig. (Foto: Madeleine Franck)

aufbauen und einen verlässlichen, positiven Umgangsstil praktizieren. Grenzen sollten nicht aufgrund von (theoretischen) Prinzipien gesetzt werden, sondern dort, wo sie sinnvoll und erforderlich sind. Nicht alles ist erlaubt, aber was verboten ist, ergibt sich aus individuellen Ansichten, Lebensbedingungen und den Grenzen des Besitzers. Jede Familie hat eben ihre eigenen Regeln, bei der einen werden die Schuhe an der Haustür ausgezogen, bei der anderen darf man auch mit Gummistiefeln bis ins Bad.

Wie schon erwähnt, übernehmen Hundeeltern auf zwei Ebenen Verantwortung. Zum einen müssen sie dafür sorgen, dass die Bedürfnisse ihrer Hunde befriedigt werden. Zum anderen sind sie, frei nach dem Motto „Eltern haften für ihre Kinder“, verantwortlich für deren Verhalten. Aus unserer Sicht besteht der elterliche Erziehungsauftrag vor allem darin, Hunde in Selbstkontrolle und Gelassenheit zu schulen und sie dahingehend zu trainieren, dass sie die Anforderungen des Alltags meistern können. Je mehr Hunde, desto mehr Verantwortung. Bei Mehrhundebesitzern kommt ein wichtiger Aspekt hinzu, den wir im Kapitel „Familienfrieden“ näher beleuchten werden: Sie müssen Einfluss nehmen auf den Umgangsstil der Hunde untereinander.

Hund – Hund

Hunde bauen zu unterschiedlichen Familienmitgliedern individuelle Beziehungen auf, die geprägt werden durch die gemeinsamen Erlebnisse. Je nachdem, wie viel gemeinsam geschmust, gespielt, gefüttert oder unternommen wird, wird die Bindung enger und stärker – oder eben nicht. Lebt ein Mensch mit einem Hund zusammen, gibt es in dieser Kleinfamilie genau einen Beziehungspfeil, der sich leicht verstärken lässt. Je mehr Individuen zusammenleben, desto größer wird die Beziehungsvielfalt und desto mehr muss man investieren, um eine individuelle Verbindung zu festigen.

Hunde untereinander haben es deutlich leichter, eine enge Bindung aufzubauen, weil sie die gleiche Sprache sprechen und häufig die gleichen Interessen teilen. Hat man zwei Hunde, die gern miteinander herumtoben, muss sich der Mensch ganz schön ins Zeug legen, um ein genauso attraktiver Spielpartner zu sein. Ist einer der Vierbeiner jung und spielverrückt, während der Senior lieber in der Sonne liegend seine Ruhe genießt, hat der Mensch es viel leichter. Wie sehr der Mensch sich anstrengen muss, um bei mehreren Hunden trotzdem für jeden einzelnen die wichtigste Ansprechperson zu sein, hängt unter anderem davon ab, welchen Typ Hunde er hält. Mit einer Rasse, bei der gezielt auf die Beziehung zum Menschen selektiert wurde, ist dies in der Regel deutlich einfacher als mit vielen Arbeitsrassen oder mit den für ihre Selbstständigkeit bekannten Hundetypen.

Die vorherrschende Meinung unter Hundebesitzern ist, dass Hunde nur glücklich sind, wenn sie regelmäßige und intensive Sozialkontakte mit Artgenossen haben. Als Konsequenz daraus müsste man als Mehrhundehalter seine Hunde wohl besonders glücklich machen können, weil diese ständig Hundekontakt haben. Unserer Einschätzung nach gibt es enorme individuelle Unterschiede, was das Bedürfnis nach Hundekontakten angeht. Viele Vierbeiner wollen tatsächlich mit Artgenossen gar nicht so viel zu tun haben. Gleichzeitig können Beziehungen unter Hunden, genau wie Menschenbeziehungen, entweder bereichernd oder belastend sein. Welcher Art die Beziehungen innerhalb einer Familie sind und ob diese für das Wohlbefinden des einzelnen Hundes eher gut oder eher schlecht sind, unterliegt stark dem Einfluss der menschlichen Eltern.

Geht man davon aus, dass es unter den Hunden in einem Haushalt eine Rangordnung gibt, kann das die Beziehungen im schlimmsten Fall vergiften. Als Besitzer läuft man Gefahr, einzelne Hunde unter psychosozialen Stress zu setzen, indem man zuschaut, wie ein vermeintlich rangniedriges Tier ständig unterdrückt wird, wenn das vermeintlich ranghöhere seine Privilegien „durchsetzt". Es spricht vieles dafür, die Hunde nicht als Rudel, sondern als Geschwister zu betrachten, denn das erleichtert es, die eigene Erziehungsverantwortung wahrzunehmen.

Für manche Hunde bedeutet der Kontakt mit Artgenossen mehr Stress als Spaß. (Foto: Madeleine Franck)

Kommt ein Welpe neu in eine Familie mit einem erwachsenen Hund, gehen die Besitzer meist davon aus, dass sich der Ersthund an der Erziehung beteiligt. Sie erwarten zum Beispiel, dass der ältere Hund dem Jungspund seine Grenzen aufzeigt, wenn dieser sich mit Spielattacken auf ihn stürzt. In der Regel ist der Ersthund mit einer solchen Aufgabe jedoch überfordert, was dazu führt, dass er entweder seine Erziehungsversuche irgendwann übertreibt oder sich alles gefallen lässt und entnervt aufgibt. Eine neue Beziehung zwischen zwei (oder mehr) Hunden ist immer ein offener Prozess, der sowohl in die Richtung einer innigen Freundschaft gehen kann, aber nicht selten auch komplett zusammenbricht, sodass ein Zusammenleben nicht mehr möglich ist. Eltern von zweibeinigen Kindern würden bestimmt nicht dabei zuschauen, wie diese sich gegenseitig die Haare ausreißen – „so gehen wir hier nicht miteinander um". Freundliche Umgangsformen gehören zu den Grundvoraussetzungen für ein harmonisches Familienleben und erleichtern gleichzeitig jede Kontaktaufnahme mit Artgenossen von außerhalb. Die Verantwortung für deren Einhaltung obliegt den Eltern und nicht den Hunden untereinander.

Beim nächsten Hund wird alles anders

Genau wie zwei leibliche Kinder derselben Eltern ein gänzlich unterschiedliches Temperament und verschiedene Interessen haben können, bringt auch jeder weitere Hund etwas Neues in die Familie. Viele Hundehalter verlieben sich durch ihren ersten Hund in dessen Rasse, sodass dann mit dem zweiten, dritten oder vierten Vierbeiner ein weiterer Golden, Aussie, Jack Russell dazukommt. Nicht selten kaufen sie den Welpen sogar beim gleichen Züchter oder suchen nach ähnlichen Linien. Aber selbst dann sollte man mit Überraschungen rechnen.

Ein neuer Hund wird immer anders sein als der erste. Es kann große individuelle Unterschiede im Charakter einzelner Hunde der gleichen Rasse und auch innerhalb einer Zuchtlinie geben. Und selbst ein charakterlich ähnlicher Hund wird sich allein dadurch schon anders entwickeln, dass er nicht Einzelhund und vielleicht sogar der erste überhaupt, sondern mindestens der zweite Hund in der Familie ist. Die Bedingungen, unter denen er auf-

Nicht der Ersthund ist für die Erziehung des Welpen zuständig, sondern der Mensch. (Foto: Madeleine Franck)

wächst und erzogen wird, unterscheiden sich grundlegend von den Lebensbedingungen, die der erste Hund bis zu seinem Einzug hatte. Leben bereits mehrere Vierbeiner im Haus, verändert jeder Neuzugang die Dynamik und führt dazu, dass sich auch die Rollenverteilung unter den Hunden verändern kann. Auf jeden Fall ist es für einen Einzelhund viel leichter, ein „braver" Hund zu sein.

ERWARTUNGEN UND CHANCEN

Je bewusster die Entscheidung für einen weiteren Hund getroffen wurde, desto eher besteht die Gefahr, diesem mit hohen Erwartungen gleich von Anfang an eine negative Hypothek aufzubürden. Klappt mit dem ersten Hund alles super, hat man fast automatisch die Erwartung, dass es mit dem neuen genauso gut laufen wird. Das kann im Alltag oder auch in der Ausbildung und beim Hundesport dazu führen, dass Überforderungen und damit Frust auf beiden Seiten der Leine entstehen.

In der Regel läuft weder in der Hundeerziehung alles perfekt noch hat man den perfekten Hund. Jeder Vierbeiner hat seine individuelle Persönlichkeit, und dazu gehören eben auch kleinere oder größere Macken. Gibt es mit dem ersten Hund ein spezielles Problem, entwickeln sich die Besitzer oft in diesem Bereich zu Trainingsexperten. Beim nächsten Hund wissen sie von vornherein, auf was sie achten müssen. Wer monate- oder jahrelang mit Schleppleine durch den Wald gelaufen ist, weil sein Hund Geschmack am Hetzen gefunden hat, wird beim Neuzugang sicher besonders intensiv daran trainieren, genau diesem Problem vorzubeugen. Hat der erste Hund ein Begegnungsproblem mit anderen Vierbeinern, sieht man jedem Zusammentreffen des neuen Welpen mit einem Artgenossen kritisch entgegen. Beim nächsten Hund soll alles anders und vor allem besser werden.

Aber auch hier besteht die Gefahr, dass die eigenen Erwartungen den Hund negativ beeinträchtigen. Besitzer von schwierigen Hunden sind in der Regel der Meinung, an den Problemen ihres Hundes selbst schuld zu sein oder zumindest einen großen Anteil an dessen Verhalten zu haben. Diese Einstellung wird durch Ratschläge von Trainern und dem Umfeld noch gefestigt. Unserer Erfahrung nach ist es im Gegenteil so, dass oft der Hund das Problem mitbringt, sei es durch eine ungünstige Vorgeschichte, frühe Erfahrungen beim Züchter, genetische oder gesundheitlich bedingte Faktoren. Aus Angst, der neue Hund könne das gleiche Problemverhalten entwickeln, kann der Besitzer dann oft in den entsprechenden Situationen nicht entspannt reagieren.

Natürlich ist es ein großer Vorteil, mit mehr Erfahrung und Wissen an die Erziehung eines weiteren Hundes zu gehen. Die Beziehung jedoch hat dann die besten Chancen, wenn man es schafft, mit einer großen Offenheit daranzugehen, den neuen Hund kennenzulernen, statt ihn von Anfang an mit Erwartungen und Hoffnungen zu überfrachten. Auch sollte man nicht erwarten, zu jedem Hund die gleiche Beziehung zu entwickeln. Viele Hundebesitzer haben ein schlechtes Gewissen, weil sie das Gefühl haben, einem der Hunde näherzustehen, und besonders zum ersten Hund ist die Beziehung oft intensiver. Wenn die Hunde sehr verschieden sind und unterschiedliche Vorlieben haben, wirkt sich das auch auf die gefühlte Beziehungsqualität aus. Der eine liebt vielleicht gemeinsame abendliche Sofastunden, während der andere allein im Körbchen liegt. Dafür geht der Erste bei Spaziergängen eher seiner Wege und der Zweite sucht ständige Interaktion. Als Mehrhundehalter muss man nicht nur lernen, sich auf die Bedürfnisse seiner einzelnen Hunde einzustellen, sondern damit leben, dass Beziehungen immer individuell sind und es nicht darum geht, jeden gleich zu behandeln. Liebe lässt sich nicht gerecht teilen, und die Frage, ob man einen Hund mehr oder weniger liebt, ist irrelevant, solange die Beziehung grundsätzlich in Ordnung ist und Hund und Mensch glücklich miteinander leben. Jeder Hund wird einen ganz eigenen Platz im Herzen seiner Familie einnehmen, wenn man ihn nur lässt.

Auch zwei Hunde der gleichen Rasse können deutlich verschiedene Eigenschaften mitbringen. (Foto: Madeleine Franck)

(Foto: Madeleine Franck)

DER PROZESS DER ENTSCHEIDUNG

Bestimmt wird ein Teil unserer Leserinnen und Leser dieses Kapitel überspringen. Wenn du bereits zwei oder sogar mehr Hunde hast, sind sicher andere Themen interessanter. Aber ganz ehrlich – denkst du trotzdem manchmal: Ein weiterer Hund wäre schon toll!?

Je überlegter die Entscheidung für einen zusätzlichen Hund getroffen wird, desto größer ist wohl die Chance, dass man sie später nicht bereut. Das Abenteuer Zweithund kann nämlich sowohl zu doppelter Freude als auch zu doppelten Problemen führen.

Gute Gründe, schlechte Gründe

Wir empfehlen, sich zuerst die Frage nach dem Warum zu stellen. Auf welchen Beweggründen basiert der Wunsch nach einem weiteren Hund? Wer es schafft, hier ehrlich mit sich selbst zu sein, kann unseren Einschätzungen sicher etwas abgewinnen.

Ein sehr guter Grund sind freie Kapazitäten: viel Zeit, genügend Energie zur Beschäftigung mehrerer Hunde, ausreichend Raum (plus je nach Wohnsituation die Zustimmung des Vermieters) und finanzielle Mittel. Wer der Meinung ist, von all dem noch genügend zu haben, erfüllt gleichzeitig die Mindestanforderungen für eine Mehrhundehaltung. Denn jeder neue Hund wird mehr Geld kosten: für das tägliche Futter, für die Anschaffung von Zubehör (schickes Halsband, neues Körbchen oder sogar größeres Sofa, damit beide Hunde draufpassen, bis hin zu einem größeren Auto für zwei Hundeboxen ...), für die Ferienwohnung im Urlaub, für Versicherung und Hundesteuer, für regelmäßige und unvorhersehbare Tierarztkosten. Das mag einem rational denkenden Menschen klar sein, muss aber trotzdem wenigstens einmal gesagt werden.

Ein zusätzlicher Hund fordert Zeit und Energie für sich ganz allein. Oft ist es empfehlenswert, in den ersten Monaten nur getrennt spazieren zu gehen. Das bedeutet also mindestens den doppelten Zeitaufwand für Spaziergänge; dazu kommen individuelle Beschäftigung und Ausbildung, vielleicht sogar in der Hundeschule oder beim Sport, mit entsprechender Anfahrt, Zeit für gemeinsame Trainingseinheiten, doppelte Zeit beim Abduschen nach dem Schlammbad ...

Damit ist zugleich gesagt, dass zu wenig Zeit eindeutig kein guter Grund für einen Zweithund ist. Relativ häufig äußern Hundebesitzer, die sich schon um einen einzelnen Hund nicht ausreichend kümmern können, die Vorstellung: „Dann können die doch miteinander spielen ..." Das schlechte Gewissen zu beruhigen, indem man dem Vierbeiner einen Spielgefährten anschafft, ist keine gute Idee und kann nur schiefgehen.

Aber zurück zu den guten Gründen für einen weiteren Hund: Vielleicht verfügst nicht du, sondern ein anderes Familienmitglied über zusätzliche Zeit- und Energiereserven. Hunde können ein wunderbares, verbindendes Element für Partnerschaften sein, ein gemeinsames Hobby, das man mit seinem Kind oder seinen Kindern teilt. Ob es nur Familienspaziergänge sind oder daraus gleich eine echte Leidenschaft für Hundesport, Ausstellungen oder gar Rassehundezucht wird – die Freude über die Beschäftigung mit dem Hund wird noch größer, wenn man sie teilen kann. Und wäre es nicht eine schöne Vorstellung, wenn der Teenager seine Zeit mit Tricktraining statt dem Tablet oder am Handy verbringt?

Sich um das Wohlbefinden eines Lebewesens zu kümmern ist sicher eine schöne, aber auch anspruchsvolle Aufgabe für ein Kind. Ab welchem Alter ein eigener Hund sinnvoll ist, lässt sich nicht pauschal beantworten, sondern ist auch von der individuellen Reife abhängig. Soll der neue Hund deinem Kind gehören, müssen trotzdem die Erwachsenen die Verantwortung übernehmen und somit Kapazitäten für beide beziehungsweise alle Hunde einplanen. Bedenke zum Beispiel Hausaufgaben- und Lernstress, eine Belastung, die mit zunehmendem Alter immer größer wird, Klassenfahrten, Krankheitszeiten und sich verändernde Interessen, die Hundehaarallergie des besten Freundes und so weiter.

Für viele Hundebesitzer ist der Vierbeiner nicht nur geliebtes Familienmitglied, sondern auch Teampartner bei einem Hobby. Durch den ersten Hund auf den Geschmack am Agility gekommen, wünscht sich so mancher einen Zweithund, dessen Rasse für den Sport noch besser geeignet ist, etwa einen Border Collie. Wer mit seinem Mischling Spaß am Dummytraining gefunden hat, möchte vielleicht als weiteren Hund einen Labrador aus VDH-Zucht, um auch an Prüfungen teilnehmen zu dürfen. Oft kommt dann die heftige Kritik, der Hund würde als Sportgerät angeschafft – wir hingegen finden es nicht nur okay, sondern sogar sinnvoll, sich seinen Hund so auszusuchen, dass er bestmöglich zu den eigenen Interessen passt. Natürlich müssen die Voraussetzungen für die Haltung einer bestimmten Rasse im Alltag und nicht nur für ein paar Stunden Training pro Woche gegeben sein. Sich einen Hund speziell für ein Hobby anzuschaffen, ist unserer Erfahrung nach ein guter Grund für einen Zweithund. Damit einhergehen in der Regel eine starke Ausrichtung des Alltags auf die Bedürfnisse der Hunde, viel in hundespezifisches Wissen investierte Zeit, ein unterstützender (Hunde-)Freundeskreis mit gleichem Hobby und vieles mehr.

Mehrere Hunde verursachen mehr Aufwand, kosten mehr Geld und brauchen nicht nur auf dem Sofa, sondern auch im Auto mehr Platz. (Foto: Madeleine Franck)

INDIVIDUELL ABWÄGEN

Für mehrere Gründe gilt, dass sie individuell betrachtet sowohl gut als auch – in einem anderen Fall – unzureichend sein können. Einen Zweithund anzuschaffen ist keine Pauschallösung, wenn der Erste nicht allein bleiben kann. Immer vorausgesetzt, dass auch alle anderen Bedingungen für die Mehrhundehaltung stimmen, kann es aber durchaus eine sinnvolle Strategie für das Wohlbefinden des Ersthundes sowie zur Schonung der Nerven der Besitzer sein. Besonders wenn der Hund bereits einen Großteil seines Lebens in Hundegesellschaft verbracht und nie gelernt hat, allein zu bleiben, ist ein Trainingsprogramm in diesem Bereich oft langwierig und neben den Alltagsanforderungen und Arbeitsbedingungen für den (Neu-)Besitzer manchmal nicht zu leisten. Allerdings profitieren längst nicht alle Hunde von einem Zweithund, wenn sie eigentlich ihren Menschen vermissen. Im schlechtesten Fall hat man dann zwei Hunde, die nicht allein bleiben können, weil sich der Neue das Verhalten des Ersten abschaut.

Viele Tierschutzhunde, die schlecht sozialisiert und mit wenig Nähe zum Menschen aufgewachsen sind, reagieren mit Angstverhalten auf ihre neuen Lebensbedingungen. Für sie kann ein souveräner Zweithund, an dem sie sich orientieren können, eine große Stütze sein. Sich allerdings einen zusätzlichen Hund anzuschaffen, weil der erste unter Verhaltensproblemen oder Erziehungsdefiziten leidet, ist selten eine gute Idee. Genau

All unsere aktuellen Hunde hatten in unserer Panda (Zweite von links) ein gutes Vorbild. (Foto: Madeleine Franck)

wie beim Alleinbleiben besteht die große Gefahr, dass sich die Schwierigkeiten verdoppeln.

„Der sah so süß aus" – Spontanität, Verliebtheit oder Mitleid sind schon keine guten Gründe, sich einen ersten Hund zuzulegen, und das ändert sich auch beim zweiten oder dritten nicht. Auch Phasen persönlicher Herausforderungen wie Trauer, Krankheit oder Beziehungssorgen sind kein guter Zeitpunkt für eine so weitreichende Entscheidung. Ein Hund, der als „Projekt" angeschafft wird, vermag vielleicht tatsächlich in einer schweren Zeit für Ablenkung und Trost zu sorgen. Es kann aber ebenso eine zusätzliche Belastung sein, seinen Bedürfnissen gerecht zu werden und eventuell auftretende Schwierigkeiten unter den Hunden zu managen. Die meisten Probleme gehen außerdem irgendwann vorüber – der Hund bleibt.

Der Schlüsselhund

Wir haben die Beobachtung gemacht, dass in unproblematischen, entspannten Hundegruppen meistens der erste Hund besonders unkompliziert war. Dieser Schlüsselhund prägt die Gruppe, im Idealfall natürlich positiv. Es ist daher sinnvoll, sich die Stärken und Schwächen seines Ersthundes bewusst zu machen, wenn man über einen zweiten nachdenkt. Ist er ein leicht erregbarer Typ? Reagiert er mit Erregung auf Besuch, Passanten, andere Hunde? Je mehr Erregung, desto größer die „Ansteckungsgefahr".

Wie ist der generelle „Erziehungszustand" des ersten oder bei mehreren jedes einzelnen Hundes der Familie? Ist er gut erzogen, verfügt er über eine gute Selbstkontrolle, geht er brav an der Leine, klappen Abrufen und Unterlassungswort? Wenn du diese Fragen tendenziell mit „Nein" beantwortest, ist der Zeitpunkt für einen neuen Hund zu früh. Auch wenn es beim Ersthund konkrete Schwierigkeiten gibt wie Ängste, Hetzengehen, Kläffen, Begegnungsprobleme oder Ähnliches, sollte zuerst daran gearbeitet werden. Es ist zum einen schwieriger, diese in den Griff zu bekommen, wenn sich durch einen Zweithund die Dynamik verstärkt. Zum anderen besteht die große Gefahr, dass der Neuzugang sich das Verhalten abschaut und selbst ein Problem entwickelt.

Vielleicht ist es also nötig, erst noch mehr Zeit und Training in den Ersthund zu investieren. Der Schlüsselhund muss nicht perfekt sein, aber vor allem Eigenschaften wie Gelassenheit und eine zuverlässige Grunderziehung kommen der ganzen Gruppe zugute. Wenn dir die Schwächen des ersten Hundes bewusst sind, ist es leichter, präventive Maßnahmen zu ergreifen und den Einfluss des Ersthundes gezielt einzuschränken. Entscheidest du dich trotzdem für einen weiteren Hund, solltest du vor allem im ersten Jahr mit jedem Hund getrennt spazieren gehen und die Hunde zu Hause so wenig wie möglich gemeinsam sich selbst überlassen. Trainiere vorbeugend mit deinem neuen Hund alle für den Ersthund problematischen Situationen, bis sein erwünschtes Verhalten stabil ist. Ist dein Ersthund bereits ein gelassenes Vorzeigeexemplar, kann er bei gemeinsamen Spaziergängen als positives Vorbild fungieren.

Familienplanung

Der Schritt von einem Hund zu zwei Hunden ist ein deutlich größerer, als dann irgendwann einen dritten oder vierten dazuzuholen. Schon zwei Vierbeiner bilden eine Gruppe, die einer eigenen Dynamik unterliegt und sich so von der Einzelhaltung unterscheidet. Dafür wird es mit jedem weiteren Hund schwieriger, die Hunde mit in den Urlaub zu nehmen oder eine Betreuung für einen hundefreien Urlaub oder für Notfälle zu organisieren. Ein Hundeleben ist lang und Lebensbedingungen können sich im Lauf weniger Jahre grundsätzlich verändern. Hast du bedacht, was im Fall eines Arbeitsplatzwechsels auf dich zukommt? Und selbst wenn du am derzeitigen Arbeitsplatz einen einzelnen Hund mitbringen darfst – bei zweien wird's möglicherweise schon kritisch, und ein Arbeitgeber, der fünf Hunde im Büro akzeptiert, ist wohl die Ausnahme. Wenn sich deine Arbeitszeiten durch einen neuen Job verändern, ist dann die Unterbringung deiner Hundegroßfamilie gesichert? Solltest du einmal umziehen müssen, gestaltet sich die Wohnungssuche mit einem Einzelhund sicher leichter als mit mehreren.

Fällt die Entscheidung für einen weiteren Hund grundsätzlich positiv aus, stellt sich als Nächstes die Frage nach dem optimalen Neuzugang: Rüde oder Hündin, Welpe oder erwachsener Hund, eher ähnlich oder verschieden im Temperament?

Kommt der Ersthund nur mit Rüden oder nur mit Hündinnen klar, ist die Wahl im Sinne des Familienfriedens nahezu vorbestimmt. Grundsätzlich sollten alle Kombinationen möglich sein, wenn du von Anfang an Einfluss auf das Verhalten der Hunde untereinander nimmst. Zwei Rüden kommen in

Wer sein eigener Chef ist, hat weniger Probleme mit Hunden am Arbeitsplatz. (Foto: Madeleine Franck)

der Regel gut miteinander aus; Stress kann entstehen, wenn Hündinnen im Umfeld läufig werden. Zwei Hündinnen können sich ebenfalls wunderbar verstehen; Schwierigkeiten entstehen meist im Zusammenhang mit dem Zyklus. Die Kombination Rüde – Hündin wird oft als ideal beschrieben, kann aber dazu führen, dass der Rüde anfängt, nach außen hin diese Hündin zu verteidigen, und dadurch ein Problem bei Begegnungen mit anderen Hunden entwickelt, besonders mit Rüden.

Prinzipiell gibt es deutlich weniger Reibungspunkte in Gruppen, wenn die einzelnen Hunde kastriert sind. Viele Hunde aus dem Auslandstierschutz sind schon vor dem Einzug ins neue Zuhause kastriert; in Deutschland ist eine Kastration nur mit medizinischer Indikation erlaubt. Die Entscheidung, ob eine Kastration sinnvoll ist, sollte im Einzelfall unter Abwägung aller gesundheitlichen Aspekte und mit Blick auf das Verhalten getroffen werden. Bei einem ängstlichen und unsicheren Rüden wäre es sicher nicht vorteilhaft, ihm auch noch das Testosteron zu entziehen. Eine sowieso schon zickige Hündin wird vielleicht ohne den Einfluss des Östrogens noch unwirscher.

Bedenke, was dir in deiner Hundefamilie besonders wichtig ist: Geht es dir darum, dass die Hunde nur stressfrei miteinander auskommen? Sollen sie zusammen spielen oder sind sie vielleicht sogar für bestimmte Aufgaben gedacht? Hunde mit ähnlicher Größe und vergleichbarem Aktivitätslevel passen meist gut zusammen – ob das dann die ideale Zusammensetzung für deine Familie und deine Lebensumstände ist, steht auf einem anderen Blatt. Ein Chihuahua wird wahrscheinlich nicht mit einem Labrador toben wollen (und können), zwei Labradore miteinander dafür umso mehr. Das macht es dem Menschen ungleich schwerer, mit der Attraktivität des Spielpartners zu konkurrieren. Zwei sehr unterschiedliche Hunde können trotzdem gute Freunde werden und finden vielleicht im Familienalltag unterschiedliche Aufgaben.

WENN DER ERSTHUND UNVERTRÄGLICH IST

Manchmal stellt sich die Frage, ob man es dem Ersthund überhaupt zumuten kann, mit einem weiteren Vierbeiner zusammenzuleben. Es gibt schließlich jede Menge Hunde, die mit anderen überhaupt nichts am Hut haben. Als Besitzer kann man sich die Frage aber auch andersherum stellen: Wenn ich gern noch einen Hund hätte, muss ich wegen meines Ersthundes darauf verzichten? Ist dieser nur wenig erbaut über Gesellschaft oder tatsächlich absolut unverträglich? In vielen Fällen kann man durch geschicktes Management und eine geduldige Zusammenführung erreichen, dass er den neuen akzeptiert, ohne darunter zu leiden. Nicht selten wird er langfristig lernen, sich über die Gesellschaft zu freuen.

In extremen Fällen, besonders wenn der Althund gefährlich beißt, sollte man sich diesen Aufwand wohl besser ersparen. Wenn es tatsächlich sinnvoller ist, von der Idee des Zweithundes Abstand zu nehmen, lassen sich oft andere Lösungen finden. Man könnte beispielsweise darüber nachdenken, mit jemandem aus der Familie oder aus dem

Ein Welpe im Haus bedeutet für so manchen Senior eine komplette Veränderung der Lebensbedingungen. (Foto: Madeleine Franck)

Freundeskreis gemeinsam einen Hund anzuschaffen, der dann nicht im eigenen Zuhause lebt, an dessen Ausbildung und Beschäftigung man sich aber beteiligen kann. Vielleicht findet sich auch in der Nachbarschaft ein gelangweilter Hund, der sich über zusätzliche Beschäftigung oder hundesportliches Training freuen würde. Und im örtlichen Tierheim warten sicher jede Menge Hunde, für die man eine Patenschaft übernehmen oder als Gassigänger tätig werden kann.

ALTERSPYRAMIDE

Eine universelle Antwort darauf, ob ein Welpe oder ein erwachsener Hund besser passt, gibt es nicht. Willst du deine Zeit lieber in die Erziehung eines Welpen investieren oder darin, eventuell vorhandene Erziehungsdefizite bei einem erwachsenen Hund auszugleichen? Wo suchst du dir deinen neuen Hund – beim Züchter, beim Tierschutz, aus privater Vermittlung? Einen Welpen von einem guten Züchter in die Familie zu integrieren wird sicher leichter fallen als die Integration eines Problemhundes aus dem Tierschutz – aber vielleicht ist das gerade die Herausforderung, die dir Spaß machen könnte?

Der Vorteil eines erwachsenen Hundes liegt darin, dass du schon nach dem Kennenlernen einschätzen kannst, wie er drauf ist. Ruhig, aktiv, freundlich, aufgeschlossen, zurückhaltend? Wenn du vor Ort und nicht via Internet suchst, kannst du auch vorab testen, ob die Chemie zwischen „altem" und möglichem „neuen" Hund stimmt.

Bei einem Welpen hast du dagegen selbst die Möglichkeit, Einfluss auf dessen Entwicklung zu nehmen. Ihm wird es leichter fallen, sich anzupassen, und du kannst gezielter darauf achten, mögliche Schwächen des Ersthundes vorbeugend auszugleichen. Ein junger Hüpfer kann Leben in die Bude bringen und einem vielleicht schon alternden Ersthund zu neuer Lebensfreude verhelfen. Genauso kann es aber passieren, dass der Senior gerade davon genervt ist und du dafür sorgen musst, dass er seine Ruhe bekommt.

Prinzipiell ist zu bedenken, wie sich die Alterspyramide deiner Hunde im Lauf der Zeit entwickeln wird. Wenn du zu einem dreijährigen einen zweijährigen Hund hinzunimmst, wirst du in zehn Jahren zwei alte Hunde haben. Das hat einerseits den Vorteil, dass die Bedürfnisse der Hunde nach Ruhe und Bewegung nicht so weit auseinanderliegen, aber auch den Nachteil, dass du dich in einem begrenzten Zeitraum auf den Verlust beider einstellen musst.

Wenn Hundesport zu deinen Hobbys gehört, wirst du mit mehreren gleich alten Hunden irgendwann keinen mehr für den aktiven Einsatz haben.

Für uns persönlich ergibt sich der ideale Altersabstand aus dem zu erwartenden Alter der Hunde, dividiert durch die Gesamtzahl. Wer also plant, nie mehr als drei Pudel mit einer hohen Lebenserwartung von durchschnittlich 15 Jahren zu halten, sollte einen Altersabstand von fünf Jahren einplanen. Bei drei Doggen mit einer Lebenserwartung von gerade einmal acht bis zehn Jahren wäre dagegen ein Abstand von drei Jahren gut.

(Foto: Madeleine Franck)

GRUPPENDYNAMIK VERSTEHEN

Gibt es mit einem Einzelhund ein Problemchen, wird daraus nicht selten im Mehrhundehaushalt ein handfestes Problem. Ungebremst führt die Gruppendynamik nicht nur leicht dazu, dass der zweite Hund ebenfalls mitmacht, sondern auch dazu, dass das problematische Verhalten des ersten schlimmer wird. Man kann pauschal behaupten: Je mehr Hunde, desto schneller herrscht das Chaos. Umso wichtiger ist es, die Dynamik zu verstehen und vorbeugend aktiv zu werden.

Das Zweiter-Hund-Syndrom

Mit „Zweiter-Hund-Syndrom" bezeichnen wir ein gar nicht seltenes Extrembeispiel, das sich im Zusammenleben mehrerer Hunde entwickeln kann, wenn der Mensch die Hunde zu viel unkontrolliert sich selbst überlässt. Es kann logischerweise erst auftreten, wenn man einen zweiten Hund dazubekommt, beschreibt aber eine generelle Gefahr. Das bedeutet, auch der dritte, vierte oder fünfte Hund kann ein Zweiter-Hund-Syndrom entwickeln.

Im Wesentlichen zeichnet sich ein solcher Hund dadurch aus, dass er zum Ersthund/anderen Hund eine viel stärkere Bindung hat als zu jedem der zweibeinigen Familienmitglieder. Er orientiert sich vorrangig am Ersthund und an dessen Verhalten, der Besitzer rückt in den Hintergrund. Das macht sich unter anderem dadurch bemerkbar, dass er auf Spaziergängen nur hört, wenn auch der Erste hört.

Ein einfacher Test kann aufschlussreich sein: Mach einen kurzen Spaziergang allein mit deinem Ersthund und beobachte beim Nachhausekommen das Verhalten deines Zweithundes. Wer wird zuerst begrüßt? Ein Zweiter-Hund-Syndrom-Hund freut sich mehr über die Rückkehr des Ersthundes, begrüßt diesen freudig, und erst danach ist Frauchen oder Herrchen dran, wenn überhaupt. In der umgekehrten Situation zeigt sich dagegen in der Regel, dass der Ersthund eine stärkere Bindung zu seinem Menschen hat und dementsprechend zuerst diesen begrüßt, wenn er vom Einzelspaziergang mit dem Zweithund zurückkommt.

Besonders gefährdet für das Zweiter-Hund-Syndrom sind Welpen als Zweithunde, beim Züchter aufgewachsene ältere Hunde sowie Hunde, die bisher keine wirkliche Beziehung zu Menschen hatten, wie manche Tierschutzhunde. Eine echte Herausforderung ist es, Wurfgeschwister oder ungefähr gleich alte Welpen im gleichen Haushalt aufzuziehen, ohne dass es zu einer symbiotischen Beziehung zwischen ihnen kommt. Wir raten dringend dazu, von dieser Kombination die Finger zu lassen und sich für nur einen Welpen zu entscheiden, dem man die volle Aufmerksamkeit widmet. Sehr aktive Rassen sind häufiger vom Zweiter-Hund-Syndrom betroffen und es gibt einen Zusammenhang mit der Spielbereitschaft des Ersthundes, denn Bindung entsteht ab einem gewissen Alter vor allem durch wildes Spiel.

WO IST DAS PROBLEM?

Vielleicht fragst du dich nun, was schlimm daran ist, wenn die Bindung der Hunde untereinander beziehungsweise in diesem speziellen Fall die Bindung des Zweithundes an den ersten so stark ist? Ist es nicht einfach nur schön, wenn beide sich so gut verstehen, so gern miteinander spielen und offensichtlich froh sind, sich zu haben? Natürlich ist es schön und das erklärte Ziel, dass alle Hunde, die unter einem Dach leben, diese Situation als bereichernd empfinden. Und ja, bis zu einem gewissen Grad finden wir es positiv, dass sie sich gegenseitig etwas geben können, was sie von Zweibeinern nicht bekommen. Der entscheidende Punkt liegt für uns darin, dass bei aller Liebe unter den Hunden die individuelle Beziehung jedes Einzelnen zum Menschen am wichtigsten bleibt.

Der Begriff „Zweiter-Hund-Syndrom" wurde geprägt von John Rogerson, einem englischen Hundetrainer, der einmal sagte, dass die meisten Hunde, deren Besitzer ihn wegen Aggressionsproblemen um Rat fragen, jeweils zweite Hunde in einem Mehrhundehaushalt sind. Unserer Erfahrung nach haben Zweiter-Hund-Syndrom-Hunde vor allem Probleme im Umgang mit Artgenossen, bei Begegnungen oder generell mit Umweltreizen, sobald sie allein unterwegs sind.

Wenn Sozialisation und Umweltgewöhnung überwiegend in Gegenwart des Ersthundes stattgefunden haben, hat der zweite Hund meist nur gelernt, mit anderen Hunden, Menschen und verschiedenen Alltagssituationen klarzukommen, wenn sein großer Kumpel dabei ist. Dadurch, dass er sich mehr für andere Hunde als für Menschen interessiert, kommt es oft weder bei Spaziergängen noch bei Besuchern zu Hause zu genügend positiven Kontaktaufnahmen mit Menschen. Der Ersthund wird bei Begegnungen sozusagen vorgeschickt, der Zweithund bleibt, was das Begrüßen von Menschen angeht, im Hintergrund und damit tendenziell inkompetent. Ist er schon von Anfang an eher ängstlich oder menschenscheu, werden diese Schwächen leicht kultiviert, da ja der Ersthund eine breite Schulter zum Anlehnen bietet. Ist ein Zweiter-Hund-Syndrom-Hund dann plötzlich allein unterwegs, kann er unter Umständen zusammenbrechen. Besonders brisant wird es, wenn der Ersthund selbst schon Aggressionsprobleme oder Angst vor Menschen hat, da diese in einer Zweiter-Hund-Syndrom-

Teilen zwei Hunde die gleichen Interessen und lieben wildes Spiel, besteht eine erhöhte Gefahr für das Zweiter-Hund-Syndrom. (Foto: Madeleine Franck)

Beziehung fast unweigerlich vom Junghund übernommen werden.

Eine typische Gefahr besteht außerdem darin, dass der Zweithund nicht mit fremden Hunden klarkommt. Wenn ein Welpe mit einem älteren Hund aufwächst und diese viel miteinander spielen, wird das Spiel im Lauf der Zeit meist immer heftiger. Der junge Hund wird älter und größer, der erwachsene Hund dabei systematisch gegen grobes Spielen desensibilisiert. Es entsteht eine Spielkultur, die im besten Fall zwischen diesen beiden Vierbeinern gut funktioniert. Versucht der Junghund mit einem fremden Hund auf die gleiche Art zu spielen, kann er leicht Ärger bekommen, und das (Aggressions-)Problem nimmt seinen Lauf. Genauso gut kann es passieren, dass es dem Ersthund irgendwann reicht und er so genervt ist, dass er überreagiert.

Im Fall von zwei Wurfgeschwistern oder anderen gleich alten Welpen, die miteinander aufwachsen, entsteht oft eine bestimmte Rollenteilung: Einer von beiden übernimmt den Part eines aufgeschlossenen, der andere den eines zurückhaltenden Hundes. Manchmal lässt sich dieses Verhalten gar nicht eindeutig erkennen, solange beide zusammen sind; offensichtlich wird es dann, wenn beide einzeln unterwegs sind.

SCHWIERIGKEIT ALLEINBLEIBEN

Eine weitere Schwierigkeit ist für den Zweithund meist das Alleinbleiben ohne den ersten. Die Anwesenheit des großen Kumpels erleichtert natürlich das Üben des Alleinbleibens ohne Menschen, denn ein Zweiter-Hund-Syndrom-Hund findet ja sowieso den anderen Vierbeiner wichtiger. Dass auch der neue Hund ganz ohne Gesellschaft zu Hause bleibt, muss umso intensiver extra geübt werden, was leicht in Vergessenheit gerät.

Erregung und Stimmungsübertragung

Stimmungsübertragung spielt für Wölfe eine entscheidende Rolle, denn darüber werden sinnvolle Emotionen in der Gruppe gesteuert. Mit der Domestikation haben Hunde die Fähigkeit, Stimmungen sofort aufzunehmen, nicht etwa verloren, sondern sogar noch um ihre Bezugsperson Mensch erweitert. Wie gut sie in der Lage sind, sich in Menschen hineinzuversetzen, und, vor allem, wie sehr ihre Stimmung durch den emotionalen Zustand des Menschen beeinflusst wird, hängt auch von Lernerfahrungen ab. Je intensiver sich schon der Züchter mit einem Welpen beschäftigt, desto besser sind die Voraussetzungen für eine enge Bindung an den Menschen. Je enger die Bindung, desto stärker der Einfluss der Stimmungsübertragung.

In Bezug auf Mehrhundehaltung und Gruppendynamik ist erst einmal der Blick auf die Vorgänge innerhalb der Hundegruppe interessanter: Lange Zeit hatten Hunde vor allem die Aufgabe, als Alarmanlage vor Feinden zu warnen. Bemerkte ein Hund eine Gefahr, gab er Laut, und alle anderen stimmten sofort ein. Wenn gleich ein ganzes Rudel bellt, macht das auf Eindringlinge mehr Eindruck, als wenn nur ein einsamer Wachposten wufft. Diese Fähigkeit ist heutzutage in eng besiedelten Gebieten nachvollziehbarerweise nicht mehr erwünscht. Ähnlich sieht es in anderen Bereichen des Hundealltags aus.

Die Bindung an den erwachsenen Hund kann unbemerkt stärker werden als die an den Menschen. (Foto: Madeleine Franck)

Fast alle unerwünschten Verhaltensweisen bei Hunden hängen mit (unpassenden) Erregungszuständen zusammen. Und vereinfacht kann man sagen: Erregung ist der Motor der Gruppendynamik. Alle Verhaltensweisen werden durch Erregung intensiviert; die Stimmung eines einzelnen Hundes überträgt sich um ein Vielfaches schneller, wenn die Erregung hoch ist.

Natürlich funktioniert Stimmungsübertragung auch in die entgegengesetzte Richtung. Auch Ruhe und Entspannung lassen sich übertragen, das gelassene Verhalten eines souveränen Althundes kann auf einen unsicheren, ängstlichen, aufgeregten, nervösen, überdrehten Zweithund abfärben. Glücklich kann sich also der Hundebesitzer schätzen, dessen Schlüsselhund über diese positiven Eigenschaften verfügt.

Hat man leider nicht den perfekten Ersthund, ist dem Faktor Erregung besondere Bedeutung beizumessen. Einzelhunde mit Problemen haben oft eine Vorgeschichte, die beschreibt, dass sich der situative Erregungszustand in der Problemsituation Schritt für Schritt gesteigert hat. Von Silvesterangst war im ersten Jahr noch nichts zu bemerken, im zweiten Jahr wirkte der Hund vielleicht angespannt, im dritten hatte er Angst und im vierten dann Panik. Je mehr Hunde zusammenleben, desto schneller laufen solche Prozesse ab. Gruppendynamik bedeutet in der Praxis der Mehrhundehaltung, dass die gegenseitige Stimmungsübertragung die Erregung in der Gruppe leicht hochpuscht und damit die Gefahr für das Auftreten unerwünschten Verhaltens steigt.

Bei einem Einzelhund wirkt Stimmungsübertragung vom Menschen zum Hund (und umgekehrt), sodass man diese auch bewusst einsetzen kann, um eine Situation zu beeinflussen. Je mehr Hunde es sind, desto mehr läuft zwischen diesen ab, was sich dem Einfluss des Menschen entzieht. Ein starker Faktor ist dabei, dass alles, was mit Erregung zu tun hat, durch ein paar Wiederholungen schnell selbstbelohnend wird. Und was allein schon Spaß macht, wird umso lustvoller erlebt, je mehr mitmachen. Allein kläffen ist schön, gemeinsam kläffen wird zum echten Highlight. Der Mensch dagegen ist leider oft eine Spaßbremse.

Dass drei oder vier Hunde gemeinsam lautstark die Ankunft des Briefträgers ankündigen, kann auf die Dauer auch tolerante Nachbarn nerven. Und gerade beim Kläffen fühlen sich viele Menschen hilflos, weil sie es nicht schaffen, die Erregung der Vierbeiner

Ob es wohl gleich einen Grund zum Kläffen gibt? Wenn einer anfängt, sorgt die Gruppendynamik schnell dafür, dass alle mitmachen. (Foto: Madeleine Franck)

einzudämmen. An diesem Problem scheitern oft genug Besitzer von nur einem Hund, und die gängigen Ratschläge zur Problemlösung sind auch wenig hilfreich: Man müsse dem Hund erst das Bellen auf ein Signal hin beibringen, damit man ihm auch wieder sagen kann, dass er still sein soll, oder man müsse das Kläffen ignorieren und solle den Hund erst belohnen, wenn er wieder ruhig ist. Hardliner geben sich wenig mit Belohnungen ab und empfehlen gleich ein Antibellhalsband, das das Kläffen automatisch mit einem Sprühstoß unterbrechen soll.

Schauen wir uns einmal das Prinzip des Ignorierens an, das beim Bellen geradezu fatale Wirkung haben kann. Die Idee hinter dem Ignorieren beruht darauf, dass der Mensch mit seiner Aufmerksamkeit unabsichtlich das Bellen verstärken könnte. Das Problem dabei ist jedoch, dass Aufmerksamkeit gar nicht der Verstärker ist, der das Verhalten aufrechterhält, sondern die beim Kläffen ausgeschütteten Botenstoffe. Immer wenn der Mensch ein selbstbelohnendes Verhalten ignoriert, schafft er damit für den Hund die Gelegenheit, es zu praktizieren und dabei zu lernen, wie viel Spaß es macht. Ignoriert man das Kläffen eines Einzelnen in der Gruppe, wird die Stimmungsübertragung in kurzer Zeit dazu führen, dass der Zweite auch mitmacht. Dies gilt umso mehr, je stärker Bellen im genetischen Repertoire der beteiligten Rassen verankert ist. Bei Hunden, die sowieso zum Bellen neigen, weil sie es bei ihrer natürlichen Art zu arbeiten brauchten, setzt der Belohnungseffekt viel schneller ein, weil der emotionale Erregungskreislauf auf genetisch vorgesehene Reiz-Reaktions-Muster zurückgreifen kann.

Wir empfehlen daher, Kläffen nie zu ignorieren, sondern sofort zu unterbrechen, indem man zum Beispiel eine Handvoll Leckerchen auf den Boden wirft. Dazu sagt man ein Hörzeichen fürs Ruhigsein, das die Hunde dann mit dem Suchen und Fressen verbinden. An dieser Stelle kommt normalerweise die Frage: Belohnt man so nicht erst recht das Kläffen? Nein, denn wenn die Hunde fressen, sind sie doch gerade still, oder? Es ist immer besser, das Verhalten zu stoppen, als der Dynamik ihren Lauf zu lassen, auch wenn man dabei, lerntheoretisch betrachtet, nicht lupenreine Wege beschreitet.

Abgucken und Mitmachen

Stimmungsübertragung ist nur ein Aspekt im großen Potpourri an gegenseitiger Beeinflussung innerhalb einer Hundegruppe. Auf einer eher kognitiven Ebene könnte man das Lernen durch Nachahmung einordnen. Bis vor gar nicht allzu langer Zeit wurde Hunden die Fähigkeit, durch Beobachtung zu lernen, noch abgesprochen, heute weiß man dank gezielter wissenschaftlicher Forschung, dass dies sogar eine besonders effektive Art des Lernens ist.

Mehrhundehalter können sicher etliche Beispiele für dieses Phänomen anführen; so haben sich unsere eigenen Hunde gegenseitig beigebracht, Walderdbeeren und Blaubeeren zu pflücken, Schubladen zu öffnen, durch eine Katzenklappe zu steigen und Ähnliches.

Besonders relevant für die Hundeerziehung ist in diesem Zusammenhang das latente Lernen. Man kann davon ausgehen, dass sich Beobachtungslernen so vollzieht, dass die gelernten Informationen erst einmal nur symbolisch im Gedächtnis repräsentiert und abgespeichert werden. Ein junger Hund beobachtet vielleicht einen erwachsenen ganz genau, ohne dass er selbst Ansätze des so bereits latent gelernten Verhaltens erkennen lässt. Das Lernen durch Abgucken lässt sich daher in einzelne Teilschritte untergliedern: Zuerst ist da nur die Aufmerksamkeit, die auf eine bestimmte Handlung, ein Verhalten gelenkt wird. Darauf folgen Prozesse der Gedächtnisbildung, erst später dann Versuche, das Gesehene nachzuahmen, und schließlich die Festigung durch Erfolg.

Dass ein junger Hund ein Verhalten noch nicht selbst ausprobiert, mag zum einen mit seiner Reife und seinem (noch fehlenden) Selbstbewusstsein zusammenhängen, zum anderen damit, dass er vielleicht durch organisatorische Mittel (Leine) daran gehindert wird. Schaut ein Welpe etwa dabei zu, wie der erwachsene Althund auf der Wiese einem Kaninchen hinterherjagt, wird er sich anfangs hoffentlich noch nicht trauen, sich allzu weit vom Besitzer zu entfernen. Vielleicht ist sein Mensch auch schlau genug, ihn an der Leine zu führen. Im Lauf der Monate wächst das Selbstbewusstsein und nebenbei wächst auch der Entfernungsradius des jungen Hundes. Hoppelt ihm dann im Alter von sechs oder acht Monaten ein Hase über den Weg, weiß er schon sehr genau, was er zu tun hat, traut sich loszusprinten und wird sofort durch die Ausschüttung einer ganzen Reihe von Botenstoffen im Körper für das Hetzen belohnt. Und wenn der Althund auch noch mit von der Partie ist, macht es gleich doppelt so viel Spaß.

Das Abgucken kann also längst passiert sein, während sich der Besitzer noch in falscher Sicherheit wiegt. Das Mitmachen ist

Der Welpe beobachtet sein großes Vorbild aufmerksam und wird schnell lernen, dass Stöckchenzerkauen Spaß macht. (Foto: Madeleine Franck)

kein Kriterium dafür, ob und was der Hund bereits gelernt hat.

Einfluss nehmen

Heutzutage gibt es eine starke Tendenz dahin, Hunde „einfach mal machen zu lassen". Die romantisierte Vorstellung von einem Zusammenleben innerhalb eines hierarchischen Rudels besteht darin, dass die Hunde eben ihre Rangordnung finden müssen, und dann läuft der Rest schon. Unsere Botschaft ist eine gänzlich andere. Wir finden, es ist immer die Aufgabe des Menschen, die ablaufenden Prozesse in der Gruppe genau zu beobachten und Einfluss zu nehmen, am besten vorbeugend. Tut man das nicht, ist die Gruppendynamik von den Verhaltenstendenzen der einzelnen Hunde und von zufälligen Einflüssen abhängig.

Für uns ist es die wichtigste Voraussetzung für eine unproblematische Mehrhundehaltung, dass der Mensch zu jedem einzelnen Hund eine enge Bindung aufbaut, die stärker ist als die Bindung der Hunde untereinander. Idealerweise hat der Besitzer also genügend Zeit, um sich intensiv mit jedem Hund einzeln zu beschäftigen, gemeinsam mit nur diesem Hund Ausflüge zu unternehmen, zu spielen und ihm viel Nähe zu geben. Gerade in der Anfangszeit kann es je nach Gruppenzusammensetzung angebracht sein, mit einem Neuzugang für einige Monate nur allein loszuziehen. Vor allem Sozialisierung und Umweltgewöhnung gehören zu den Erfahrungen, die ein junger Hund ohne vierbeinige Begleitung meistern sollte.

Aus unserer Sicht ist es bei der Erziehung jedes einzelnen Hundes ein ungemeiner Vorteil, wenn dieser mit seinem Besitzer begeistert spielen kann. Wie viel Spielbereitschaft der jeweilige Vierbeiner mitbringt, hängt stark von den bisherigen Lernerfahrungen und der Rasse beziehungsweise dem Hundetyp ab. Einen Welpen, egal welcher Rasse, kann man so gut wie immer zum Spielen bewegen und damit langfristig ein Hobby etablieren, das nicht nur die Bindung festigt, sondern mit unerwünschten Verhaltensweisen konkurrieren kann. Hunde brauchen für ein ausgeglichenes Wohlfühlbudget im Alltag immer wieder Gelegenheiten, sich mit etwas auszupowern, was mit hoher Erregung einhergeht. Keine Form der Kopfarbeit kann gegen das Lustgefühl ankommen, das durch

Spielen ist eine gute Möglichkeit, die Bindung zwischen Mensch und Hund zu stärken. Gleichzeitig ist Spielen ein prima Ventil zum Dampfablassen. (Foto: Madeleine Franck)

den Selbstbelohnungseffekt zum Beispiel beim Hetzen entsteht. Gemeinsame Zerrspiele, hinter der Reizangel herspringen, das Bällchen oder die Frisbeescheibe jagen erfüllen diesen Zweck schon eher.

Macht der Mensch sich die Mühe, mit jedem Vierbeiner einzeln intensiv Spielen zu üben, schafft er ein Ventil zum Dampfablassen und beeinflusst gleichzeitig die Gruppendynamik. Erfüllt er bereits einen Großteil des Spielbedürfnisses, ist das Spielen der Hunde untereinander nicht mehr so wichtig. Können sie bereits beim Spiel mit dem Menschen ihre Energie loswerden, brauchen sie sich nicht gegenseitig hochzupuschen, um Spaß zu haben. Die Bedingungen für ein entspanntes Spiel und einen entspannten Umgang untereinander sind besser.

In Bezug auf die Stimmungsübertragung unter den Hunden ist es wichtig, Erregungsprozesse im Alltag vorbeugend zu steuern. Ein gutes Beispiel ist das Begrüßungsverhalten gegenüber Menschen, das einem doppelten Effekt von Stimmungsübertragung und Abgucken unterliegt. Wie man andere Zweibeiner richtig – und damit meinen wir freundlich, aber gelassen – begrüßt, können Hunde jeden Tag beim Nachhausekommen ihres Besitzers lernen. Ist das Hallosagen mit einer großen Party verbunden, wird die Erregung sich immer weiter verstärken und jeder neue Hund innerhalb kürzester Zeit bei der Party mitmachen. Je nach Typ der beteiligten Vierbeiner kann eine solche Situation leicht in Stress umschlagen. Um sich abzureagieren, wird dann der Mensch oder mal kurz der Zweithund angesprungen, es wird gekläfft, gebalgt und so weiter.

Wir wissen, dass es schwer ist, sich nicht über die Begeisterung zu freuen, mit der man zu Hause von seinen Vierbeinern begrüßt wird. Im Hinblick auf die allgemeine Gelassenheit wäre es aber durchaus sinnvoller, kein allzu großes Aufhebens darum zu machen.

Man muss sich darüber im Klaren sein, dass sich durch Beobachtungslernen und Stimmungsübertragung Rituale vervielfältigen, ob das nun beabsichtigt ist oder nicht. Zwar wird oft behauptet, Hunde brauchten feste Abläufe, die Erfahrungen aus der Praxis zeigen jedoch, dass sie sich auch wunderbar in einen ständig wechselnden Tagesablauf anpassen können. Trotzdem gibt es wiederkehrende Verhaltensmuster innerhalb einer Gruppe, wie etwa die Vorbereitung auf den Spaziergang. Hopst der Ersthund dabei aufgeregt am Menschen hoch und beißt in die Leine, wird dieses Ritual wahrscheinlich über kurz oder lang vom Zweithund übernommen. Genauso gut könnte man einen Ablauf etablieren, der eher die Selbstkontrolle jedes Hundes verbessert, und alle nebeneinander brav im Sitzen warten lassen, bis sie angeleint werden und die Haustür aufgeht.

Worauf es beim Einflussnehmen ankommt, ist zu einem guten Teil vorausschauendes, proaktives Handeln. In jeder Situation mit dem neuen Hund sollte man sich überlegen, was wohl die Gruppendynamik in ein paar Wochen daraus machen könnte. Geht diese Entwicklung mit zunehmender Erregung einher, ist es in der Regel besser, sofort einzuschreiten und mit dem Training eines alternativen Verhaltens des Hundes zu beginnen.

(Foto: Madeleine Franck)

BEDÜRFNISBEFRIEDIGUNG & TRAININGSGRUNDLAGEN

Im Umgang mit seinen Hunden proaktiv zu handeln, bedeutet vor allem, auf die emotionalen Zustände und Vorgänge der Hunde aktiv Einfluss zu nehmen, anstatt sie dem Zufall zu überlassen und dann erst darauf zu reagieren. Das gilt nicht nur für die Gruppendynamik, sondern für jeden Lernprozess, und es gilt nicht nur für Gruppensituationen, sondern zuallererst für jeden einzelnen Hund. Emotionen sind die treibende Kraft hinter jedem Verhalten des Hundes. Dabei hängen Emotionen eng mit den Bedürfnissen des Hundes zusammen, da sie Verhalten nicht nur antreiben, sondern auch steuern.

Wichtig zu wissen ist dabei: Das emotionale Wohlbefinden des Hundes wirkt sich direkt auf sein Verhalten aus und auf seine Fähigkeit, gelassen zu reagieren. Wie emotional ausgeglichen ein Hund ist, hängt davon ab, ob er sich in seinem Alltag grundsätzlich wohlfühlt, also beispielsweise keinen ständigen Stressoren ausgeliefert ist, und ob er all das bekommt, was er braucht. Vielen Verhaltensproblemen und so mancher Krankheit kann man vorbeugen, wenn man sich über die Bedürfnisse eines Hundes im Klaren ist, sie erfüllt und damit sein Wohlfühlbudget ausgeglichen hält.

Damit in einem Mehrhundehaushalt die gesamte Gruppe entspannt und zufrieden ihren Alltag meistert, muss jeder einzelne Hund entspannt und zufrieden sein. Nicht nur Problemverhalten und Entspannung, sondern auch die Kapazitäten eines Hundes, ein gelerntes Verhalten wie Rückruf, Bleiben oder Leinenführigkeit zu zeigen, hängen von seiner Bedürfnisbefriedigung ab.

Auch für alle Trainingsgrundlagen und Übungen gilt: Jeder einzelne Hund sollte individuell im Fokus stehen, wenn es ums Lernen von Signalen, seine Motivationslage oder Belohnungen geht. Wir empfehlen daher, immer zuerst einzeln zu üben, bevor etwas in der Gruppe weiter gefestigt werden kann.

Das Wohlfühlbudget

Dass Grundbedürfnisse wie Futter, Wasser und Schlaf täglich befriedigt sein müssen, ist eigentlich selbsterklärend. Aber schon beim

Thema Schlaf kann in der Mehrhundehaltung viel schiefgehen, weshalb das Schlafbedürfnis und die tatsächlichen Schlafzeiten jedes Hundes regelmäßig überprüft werden sollten. Gibt es hier eine Schieflage, wird nicht nur das emotionale Wohlbefinden des Hundes leiden, sondern auf Dauer auch sein körperliches.

Darüber hinaus kann man Hundebedürfnisse in verschiedene Kategorien einteilen, wie soziale Kontakte und Spiel, Jagen/Stöbern/Buddeln/Erkunden, Körperkontakt und Streicheln, Sicherheit und Rückzugsmöglichkeiten, Bellen, Kauen und so weiter. Für jeden Hund lässt sich nun einordnen, wie stark sein Bedürfnis innerhalb einer Kategorie ist. So ist Hund A vielleicht super verkuschelt, hat kein großes jagdliches Interesse, aber ein hohes Kaubedürfnis, während Hund B für Steicheleinheiten eher „keine Zeit" hat, weil er ständig etwas zu schnüffeln sucht, sich bewegen möchte und für ein Spiel jeden Kauknochen liegen lässt. Vielleicht braucht Hund A auch immer wieder seine Ruhe und zieht sich in ein anderes Zimmer zurück, während Hund B am liebsten ständig mit der ganzen Familie zusammen ist.

RASSETYPISCHE INTERESSEN

Eine gute Hilfe bei der Einschätzung der Bedürfnisse eines Hundes bietet der Blick auf seine rassetypischen Eigenarten. Wenn wir wissen, wofür ein Hund gezüchtet wurde, können wir auch einschätzen, was für ihn grundlegend wichtig ist. Das soll nicht heißen, dass zum Beispiel jeder Border-Collie-

Bei einem wasserbegeisterten Hund wird ein Ausflug zum See als Highlight im Wohlfühlbudget verbucht. (Foto: Madeleine Franck)

Besitzer eigene Schafe braucht, im Gegenteil, denn Schafe sind keine Spaßobjekte für Hütehunde. Man muss auch nicht unbedingt seinem Jagdhund zuliebe einen Jagdschein machen. Vielmehr sollte man sich überlegen, welche Gelegenheiten es für einen Hund geben kann, sein genetisches Erbe auf erwünschte Art im Rahmen eines Hobbys auszuleben.

Die Befriedigung rassetypischer Interessen und die Möglichkeit, genetisch angelegtes Verhalten auszuleben, wird schnell in hohem Maße selbstbelohnend. Das bedeutet, der Belohnungseffekt entsteht im Körper des Hundes durch die Ausschüttung verschiedener Botenstoffe, die dafür sorgen, dass der Hund ein Hochgefühl empfindet. Diese Highlights regelmäßig zu erleben macht einen entscheidenden Anteil im Wohlfühlbudget aus.

PLUS UND MINUS IM WOHLFÜHLBUDGET

Bedürfnisse in den verschiedenen Kategorien können auch aus Gewohnheiten heraus entstehen. Das sind beispielsweise bestimmte Hobbys oder Rituale, wie die morgendliche Runde mit dem besten Hundekumpel oder der Sprung ins Wasser, immer wenn man am See spazieren geht. Für einen Hund, der jahrelang im Bett schlafen durfte, kann es einen tiefen Einschnitt im Wohlbefinden bedeuten, wenn dies plötzlich verboten wird. Passieren solche Einschnitte, weil ein neuer Hund eingezogen ist, kann das die Beziehung der beiden ungünstig beeinflussen.

Jedes Mal, wenn ein Bedürfnis erfüllt wird, bedeutet das ein Plus auf dem Wohlfühlkonto. Im Alltag gibt es in der Regel einen Wechsel aus kleineren und größeren Highlights, langweiligen Zeiten und sogar unangenehmen Erfahrungen. Letztere reduzieren das Wohlfühlbudget, aber das ist auch okay. Worauf es ankommt, ist, dass das Wohlfühlbudget insgesamt im Plus bleibt, wenn man es über einen gewissen Zeitraum von beispielsweise einer Woche mittelt. Wichtig zu verstehen ist außerdem, dass man nicht dauerhaft einen Mangel an Bedürfnisbefriedigung in einem Bereich durch ein Mehr in einem anderen Bereich ausgleichen kann. Ist die Zeit für die gewohnte hundesportliche Beschäftigung mit dem Ersthund knapp, weil der Neuzugang zeitaufwendige Einzelspaziergänge bekommt, kann man den Ersthund vielleicht kurzfristig mit ein paar zusätzlichen Kausachen glücklich machen. Langfristig ist es jedoch Action, die dem Ersthund fehlt. Andererseits wird ein Junghund mit altersgemäß starkem Kaubedürfnis trotz abwechslungsreicher Spaziergänge und ausgiebiger Suchspiele zu Hause die Schuhe zerlegen, wenn er keine geeigneten Kauartikel zur Verfügung hat.

Manche Bedürfnisse melden sich spontan, ausgelöst durch äußere Reize, wie der Duft nach einer läufigen Hündin oder die frischen Spuren eines Hasen, der den Weg gekreuzt hat. Andere beeinflussen das Hundeverhalten subtiler. Wenn nicht du deinem Hund die Möglichkeit bietest, sich lustvolle Erlebnisse durch die Befriedigung seiner Bedürfnisse zu verschaffen, wird er sich eigene Möglichkeiten suchen, um sein Wohlfühlbudget aufzufüllen. Denn eine Schieflage dort sorgt einerseits für schlechte Laune und andererseits für ein Ausgleichsverhalten des Hundes. Das erklärt, weshalb Verhaltensprobleme und Problemverhalten durch ein emotionales Ungleichgewicht verschlimmert, nicht selten sogar verursacht werden. Fehlt dem Hund sein Agilitytraining, wird er also vielleicht auf dem Spaziergang vermehrt nach Wild Ausschau halten, um mal kurz durchstarten zu können, oder ein längst überwundenes Begegnungsproblem zeigt sich wieder.

Das Wohlfühlbudget kann einerseits unausgeglichen sein, weil der Hund von für ihn wichtigen Dingen zu wenig bekommt. Auf der anderen Seite können zu viele belastende Erlebnisse, Stress, Ängste oder gesundheitliche Probleme das Budget ins Minus bringen. Das können Bauarbeiten mit andauerndem Lärm sein, viele Besucher zu Hause, die den neuen Welpen kennenlernen wollen, unentdeckte orthopädische Probleme (was häufiger vorkommt als gedacht!), ein Junghund, der dem Ersthund ständig am Rockzipfel hängt, ein Besitzer mit schlechter Laune und vieles mehr.

Als Elternteil einer Mehrhundefamilie solltest du dafür sorgen, dass nicht dauerhaft einer deiner Hunde zu kurz kommt. Seine schlechte Stimmung wird sich ansonsten bald negativ auf die Gruppe auswirken. Vielleicht werden die Kommunikation und der Umgang der Hunde untereinander gereizter, das Risiko für Konflikte steigt. Vielleicht werden auch unerwünschte Verhaltensweisen auftreten, gegen die du mühsam wieder antrainieren musst. Übrigens: Auch jedes Training macht nur Sinn, wenn du zuerst das Wohlfühlbudget ins Lot gebracht hast.

HOBBYS UND VORLIEBEN BEEINFLUSSEN

Auf welche Art ein Hund sein Wohlfühlbudget aufstockt, kannst du beeinflussen, indem du schon früh die Gelegenheiten für erwünschtes Verhalten schaffst, das sich für ihn gut anfühlt. Das können so einfache Maßnahmen sein, wie immer genügend Kausachen zur Verfügung stellen, damit dein Hund gar nicht erst auf die Idee kommt, an Stuhlbeinen oder den Hausschuhen zu kauen.

Biete deinem Terrier eine Sandkiste zum Buddeln an, in der du Leckerchen versteckst, lass ihn Futter in einem mit zerknülltem Zeitungspapier gefüllten Karton suchen, oder packe die Futterstücke in der Zeitung ein, damit er das Papier beim Auspacken zerfetzen kann. Bring deinem Cocker Spaniel bei, einen Dummy zu suchen, den du dann auf dem Spaziergang immer mal wieder „verlieren" kannst. Oder schließe dich einer Mantrailing-Gruppe an, damit er lernt, seine Nasenleistung auf das Auffinden von Menschenspuren statt Wild zu konzentrieren. Mach mit deinem Border Collie Reizangelspiele, bei denen er immer wieder zwischen Action, Anschleichen und Abliegen umschalten muss, oder such dir eine gute Hundeschule, die Agility, Hoopers oder Obediencetraining anbietet. Deinen Husky mit Zughundesport auszulasten ist sicherlich naheliegend.

All diese Ersatzbeschäftigungen funktionieren jedoch ebenso für viele andere Rassen: Auch ein Aussie, ein Labradoodle oder jeder andere Mischling wird mit Freude Leckerchen suchen, kann lernen, einen Dummy zu apportieren, über Hürden zu hopsen, zu trailen oder dich beim Canicross durchs Gelände zu ziehen. Selbst geniale Spezialisten unter unseren liebsten Vierbeinern sind vielseitig und anpassungsfähig. Du kannst die Hobbys eines Hundes formen, denn wenn du Belohnungen und deine eigene Begeisterung ins Spiel bringst, wird auch dein Hund schnell Spaß daran finden.

Wenn jeder Hund gelernt hat, nur einen bestimmten Beutel zu suchen, können mit diesem Spiel prima mehrere Hunde gleichzeitig bespaßt werden. (Foto: Madeleine Franck)

Erstelle für jeden deiner Hunde eine Liste mit allen Aktivitäten, die ihm wichtig sind. Was mag er besonders gern? Auf der Liste könnte stehen: Bällchen spielen, am Zaun kläffen, in der Sonne liegen, den Mülleimer ausräumen, sich den Bauch kraulen lassen, schwimmen, nach Mäusen buddeln, genüsslich einen Kauknochen zerlegen, eine Schleckmatte auslecken, sich irgendwo festschnüffeln, mit anderen Hunden spielen, am Strand rennen, kontaktliegen, Tricks lernen, Wildspuren verfolgen, Hundesport, am Fahrrad mitlaufen und vieles mehr.

Was davon kann er in seinem Alltag regelmäßig tun und wie oft? Überleg dir nun, welche Hobbys du neu etablieren könntest, die seinen Vorlieben entsprechen.

PRAXISÜBUNG:

Futterbeutelsuche

Die meisten Hunde – nicht nur jagdlich interessierte – lieben es, ihre Nase einzusetzen und nach spannenden Gerüchen zu stöbern. Suchspiele sind daher eine ideale Beschäftigung für nahezu jeden Vierbeiner. Das Training mit dem Futterbeutel vereint dabei gleich mehrere positive Aspekte und wäre ein mögliches Hobby, das du mit deinem Hund ausprobieren kannst.

Eines der emotionalen Systeme im Hundegehirn ist das sogenannte „Seeking-System", das man auch als „generelles Motivationssystem" bezeichnen könnte. Das Seeking-System veranlasst die Suche nach Ressourcen, die zum Überleben wichtig sind. Es macht Lebewesen aktiv, neugierig, lernwillig, begeisterungsfähig und zielstrebig. Es erzeugt Aktivität, die sich per se sehr gut anfühlt, damit sie unabhängig von einer Belohnung von außen aufrechterhalten wird, wie beispielsweise jede Art von Explorationsverhalten. Genauer gesagt verursacht die mit der Aktivität des Seeking-Systems verbundene Dopaminausschüttung eine Vorfreude bis hin zur Euphorie und sorgt gleichzeitig fürs Durchhalten auf dem Weg zum Erfolg. Damit sind wir bei den schon erwähnten selbstbelohnenden Verhaltensweisen, den echten Highlights im Hundeleben, zu denen typischerweise das Stöbern und Hetzen gehört. Ob der Hund am Ende eines kleinen Jagdausflugs einen Hasen fängt, spielt keine Rolle, denn die Belohnung erlebt er schon durch die guten Gefühle währenddessen. Mit den verschiedenen Futterbeutelspielen kannst du deinem Hund ähnliche Gefühle ermöglichen. Statt auf die Jagd nach dem Hasen, geht er sozusagen auf die Jagd nach dem Beutel. Er darf dabei durchs Unterholz stöbern, seine Nase einsetzen oder auch mal hinter dem Beutel herjagen, wenn du ihn wirfst oder an einer Schnur vor ihm wegziehst. Du kannst mit einem (stabilen) Futterbeutel zergeln und letztendlich den Hund natürlich daraus füttern. Denn im Gegensatz zum Hasen löst der Futterbeutel nicht automatisch Interesse beim Hund aus. Du musst dieses Interesse erst wecken und durch die gegebene Belohnung festigen, bis der Hund das Spiel verstanden und gemerkt hat, wie gut es sich für ihn anfühlt.

Weitere Vorteile: Nasenarbeit erfordert viel Konzentration und Fokus und macht deshalb schnell müde. Da bei der Futterbeu-

telsuche das Suchen mit Selbstkontroll- und Actionübungen kombiniert werden kann, ist sie eine tolle Möglichkeit, um Hunde in kurzer Zeit körperlich und geistig auszulasten. Du kannst damit perfekt kurze Gassirunden aufwerten und deine(n) Hund(e) schnell glücklich machen, wenn du mal wenig Zeit hast.

Ein großes Plus der Futterbeutelsuche liegt außerdem darin, dass sie eine gemeinsame Beschäftigung für Mensch und Hund ist. Während dein Hund wartet, dass du den Beutel für ihn versteckst, wird er dich die ganze Zeit im Auge behalten. Du kannst diesen Effekt verstärken, indem du mit deiner Körpersprache Spannung aufbaust, wenn du vom Hund weggehst.

Mithilfe der Futterbelohnung aus dem Beutel lernt er, dir das Ding nach dem Auffinden zu bringen – denn nur du kannst den Reißverschluss öffnen. Und auch wenn du den Beutel nicht versteckst, sondern nur auslegst, wirfst oder ihr damit zergelt, wird dein Hund diesen Spaß mit dir verknüpfen, denn du bist schließlich Teil des Spiels. Damit festigst du die Bindung zwischen deinem Hund und dir und wirst immer wichtiger für ihn.

Im ersten Trainingsschritt des Futterbeuteltrainings lernt dein Hund nur, dass im Beutel Leckerchen sind. Lass ihn daran schnüffeln, mach ihn heiß darauf und zeige ihm dann, wie du den Beutel öffnest, damit er daraus fressen kann. Bring ihm dazu ein Signalwort bei, wie „Büdel" (Plattdeutsch für Beutel). Wenn sein Interesse geweckt ist, kannst du den Beutel später auch in dein Alltagstraining einbinden und als Belohnung nutzen.

Im zweiten Trainingsschritt soll der Hund lernen, den Beutel zu dir zu bringen, und sobald er das verstanden hat, kommt der Kontrollaspekt hinzu. Nun kannst du den Hund warten lassen, während du den Beutel erst auslegst, dann außer Sicht versteckst oder wenn du ihn wirfst. Oder rufe den Hund von seinem Warteplatz aus erst zu dir, bevor du ihn auf die Suche schickst.

Je größer die Begeisterung deines Hundes für das neue Spiel wird, desto mehr kannst du an Kleinigkeiten feilen, die Selbstkontrolle von ihm verlangen. Lass ihn erst sitzen, bevor du den Beutel öffnest, und übe, dass er die Position hält, egal ob du ein einzelnes Leckerchen daraus anreichst oder ihm den ganzen Futterbeutel hinhältst, damit er seine Nase reinstecken darf.

Hast du das Prinzip der Futterbeutelsuche deinen Hunden einzeln schmackhaft gemacht, eignet sich dieses Spiel auch wunderbar als Gruppenbeschäftigung. Dazu ist es ideal, wenn jeder Hund seinen eigenen Beutel hat. Achte schon bei den Einzelübungsschritten darauf, immer den gleichen Beutel für jeden deiner Hunde zu benutzen, am besten zusätzlich mit einer unterschiedlichen Füllung. So kann zum Beispiel Elmo lernen, dass sein Beutel immer nach Fischleckerlis riecht, und Luna merkt sich, dass ihr Büdel Lammbröckchen enthält. Lass deine Hunde dann warten, während du die Beutel an unterschiedlichen Stellen versteckst, damit beide Hunde gleichzeitig auf die Suche gehen können. Zusätzlich lernen sie nun die Profi-Aufgabe zu bewältigen, den jeweils anderen Beutel zu ignorieren. ■

Besondere Bedürfnisse von alten Hunden

Bedürfnisse verändern sich im Lauf der Zeit. Wird ein Hund alt, braucht er vermehrt Ruhe und Schlaf. Auch seine Vorlieben für bestimmte Aktivitäten können sich ändern. Irgendwann ist er körperlich nicht mehr in der Lage, die gleichen langen Spaziergänge mitzumachen wie der Rest der vierbeinigen Familie. Als Mehrhundehalter musst du dich also darauf einstellen, dass dein Hund im Alter besondere Aufmerksamkeit und zusätzliche zeitliche Kapazitäten braucht.

Auf alte Hunde muss man in der Gruppe besonders achten, damit ihre veränderten Bedürfnisse nicht zu einer Einschränkung im Wohlbefinden führen. (Foto: Madeleine Franck)

Wie für einen alten Einzelhund solltest du selbstverständlich sein Futter anpassen, regelmäßige Check-ups und eventuelle Behandlungen beim Tierphysiotherapeuten einplanen, mehrere kürzere Spaziergänge täglich und vielleicht kleine Trainingseinheiten zum Erhalt der Muskulatur oder einfach deshalb, weil gemeinsames Üben ein Highlight für ihn ist.

Ändert sich das Verhalten eines älteren Hundes in der Gruppe, kommt es leider manchmal zu Missverständnissen – bei den Zwei- wie bei den Vierbeinern. Vielen Hundebesitzern fällt irgendwann auf, dass ihr Senior weniger mit den anderen zu tun haben will, sich öfter zurückzieht, nicht mehr mitspielt und auf die anderen Hunde grantiger reagiert. Oft kommt es dann auch plötzlich zu Auseinandersetzungen zwischen Hunden, die sich davor jahrelang gut verstanden haben. Die Besitzer deuten dies als sich verändernde Rudeldynamik und vermuten, dass die Spannungen mit der Rangordnung zu tun haben: „Der Alte will seine Position nicht aufgeben", „So ist das halt im Alter, die Jungen übernehmen die Rudelführerschaft".

Wir erinnern uns: Hunde leben nicht in hierarchischen Rangordnungen miteinander, sondern bilden individuelle Beziehungen. Doch selbst wenn es nicht die Rangordnungsbrille ist, die dem Besitzer die Sicht vernebelt, tendieren die meisten dazu, dem Hund bestimmte Absichten zu unterstellen: „Der macht das, um …" Ein alter Hund handelt jedoch nicht planvoll oder überlegt, wenn er dem jüngeren öfter die Zähne zeigt, ihn anknurrt oder sogar nach ihm schnappt. Sein Verhalten ist in diesem Moment davon beeinflusst, was er fühlt, und das könnte ganz einfach Schmerz oder die Angst vor Schmerz sein.

Wir erleben es leider viel, viel zu oft in Verhaltensberatungen und in der Hundeschule, dass Hunde (egal welchen Alters) mit unentdeckten Schmerzen leben müssen. Je älter ein Hund wird, desto mehr gehört er automatisch zur „Risikogruppe", denn der Körper baut ab, die Zipperlein nehmen zu. Besonders häufig lange unentdeckt bleiben erfahrungsgemäß orthopädische Probleme und Zahnprobleme, aber auch Organerkrankungen können längere Zeit das Verhalten des Hundes beeinflussen, bevor die Erkrankung offensichtlich wird.

ACHTSAM SEIN

Nicht nur der Mensch, auch die anderen Hunde können oft das veränderte Verhalten des Seniors nicht richtig einschätzen. Deshalb ist es so wichtig, den Umgang der Hunde miteinander immer achtsam im Blick und mögliche gesundheitliche Ursachen im Hinterkopf zu haben. Regelmäßige Zahnkontrollen, Vorsorgeuntersuchungen und bei konkreten Verhaltensänderungen der Gang zum Tierarzt können das Risiko von unentdeckten Schmerzproblematiken und damit verbundenen Disharmonien unter den Hunden reduzieren. Rücksichtnahme auf veränderte Bedürfnisse und, wenn nötig, das Abschirmen des Hundeseniors, damit er von den Jüngeren nicht gestört oder belästigt wird, sollten selbstverständlich sein.

Schmerzen erkennen

Jaulen, Fiepen, ein plötzliches Aufschreien, Humpeln – diese Schmerzanzeichen sind eindeutig. Vor allem bei chronischen Schmerzen sind die Anzeichen jedoch subtiler, weshalb du schon kleinen Veränderungen im Verhalten auf den Grund gehen solltest: Gesteigertes Ruhebedürfnis, verändertes Fressverhalten, weniger Interaktion mit Mensch/Hundekumpeln, Reizbarkeit, Berührungsempfindlichkeit, vermehrtes Belecken/Knabbern, häufiges oder andauerndes Hecheln, Speicheln oder Schmatzen, Vermeiden von bestimmten Bewegungen (der Hund möchte kein Sitz mehr machen, will die Treppe nicht laufen, nicht mehr ins Auto springen ...), Änderung der Schlafstellung und verringerte Aktivität sollten hinterfragt werden. Beobachte Bewegungsabläufe, Körperhaltung und Mimik deines Hundes genau: Siehst du Zittern, steife, angespannte Bewegungen, Passgang, eine eher hochgezogene Rückenlinie, einen angestrengten Gesichtsausdruck, Vertiefungen unter den Augen oder häufiges Gähnen, leidet dein Hund sehr wahrscheinlich unter Schmerzen.

Verhaltensänderungen beim Seniorhund sollte man nicht automatisch dem normalen Alterungsprozess zuschreiben, sondern immer auch eine mögliche Schmerzproblematik im Hinterkopf haben. (Foto: Madeleine Franck)

Organisation und positive Verstärkung

Wenn wir versuchen, das Verhalten von Hunden zu beeinflussen, dann nutzen wir dafür zwei wichtige Prinzipien: das Prinzip der Organisation und das der positiven Verstärkung. Vereinfacht kann man sagen, dass wir durch Organisation und den Einsatz organisatorischer Mittel möglichst viele Gelegenheiten schaffen, das erwünschte Verhalten positiv zu verstärken. Gleichzeitig verhindern wir, dass unerwünschtes Verhalten überhaupt möglich und damit lernbar wird. „Erfolge wollen organisiert werden", lautet das Motto. Die beiden Prinzipien stützen wie zwei Säulen gemeinsam und gleichberechtigt den Trainingserfolg. Das Fundament, auf dem die beiden Säulen stehen, ist das (ausgeglichene) Wohlfühlbudget. Ist das Fundament schief oder brüchig, hat das beste Training keine Chance.

Um den Hund gut zu trainieren, müssen wir jedoch nicht nur seine emotionale Ausgeglichenheit mitberücksichtigen, sondern ganz konkret seine Emotionen in der Trainingssituation. Lernen beinhaltet weit mehr, als den reinen Informationsgehalt eines Hörzeichens zu erfassen. Das Hörzeichen „Sitz" soll bedeuten: „Schnell hinsetzen und warten". „Hier" soll bedeuten: „Sofort herkommen", und so weiter. Zusätzlich zur Bedeutung verknüpft sich im Lernprozess aber immer eine bestimmte Emotion mit dem Signal. Diese kann positiv, negativ oder neutral sein. Um mit den vielen Verlockungen der Umwelt mithalten zu können, sollte jedes Hörzeichen so positiv wie möglich empfunden werden. Ist die Einstellung des Hundes zum „Hier"-Signal nur neutral, wird das Abrufen kaum klappen, wenn der Vierbeiner sich irgendwo festgeschnüffelt hat, gerade mitten im Spiel ist oder gar ein Hase vor ihm weghoppelt.

Im gezielten Training ebenso wie bei der Alltagsgestaltung geht es daher immer auch darum, diesen Aspekt des Lernens nicht dem Zufall zu überlassen. Dies ist besonders wichtig, weil viele unerwünschte Verhaltensweisen für den Hund lustvoll sind. Gehor-

Beispiel Organisation

Ein sehr nützliches organisatorisches Mittel in einem Mehrhundehaushalt sind Trenngitter. Für manche Zwecke reicht ein Kindergitter, eingespannt im Türrahmen. Für die zeitweise Trennung im gleichen Raum eignen sich Welpengitter, mit deren Hilfe man einen Bereich sicher abgrenzen kann. Besonders für die ersten Wochen und Monate der Integration eines neuen Hundes kann man so mit Sichtkontakt Fütterung, Zuschauen beim Training, Zur-Ruhe-Kommen, Alleinbleiben und vieles mehr üben.

Wichtig: Gibt es aggressive Tendenzen zwischen den Hunden, ist die Trennung durch Gitter nur unter Aufsicht empfehlenswert. Sobald man die Hunde allein lässt, sollte man sie in diesem Fall besser in unterschiedlichen geschlossenen Räumen unterbringen.

samsübungen können dagegen leicht als langweilig empfunden werden, wenn der Mensch nicht aktiv dafür sorgt, dass der Hund beim Lernen begeistert ist.

Eine wichtige Rolle spielt dabei die passende Belohnung. Damit eine Belohnung wirklich das Verhalten verstärkt, das du verstärken möchtest, muss dein Hund sie auch als belohnend empfinden. Hast du beispielsweise einen kleinen Hund, der schnell satt ist, können Futterbelohnungen nach kurzer Zeit ihren Verstärkercharakter verlieren. Wir empfehlen bei allen Hunden immer, möglichst kleine Futterbröckchen zu schneiden, damit du oft belohnen kannst. Die meisten Hunde mögen gern Fleischstückchen, Hundewurst oder Käse, für bestimmte Übungen eignen sich auch getrocknete Lunge oder Pansen oder das Lecken an der Futtertube oder am Schleckerchen. Achte bei jeder neuen Übung darauf, deinem Hund mithilfe von besonders hochwertigen Belohnungen einen guten ersten Eindruck der Übung zu vermitteln. Später kannst du die Wertigkeit der Belohnung an die Gegebenheiten anpassen und zum Beispiel bei stärkerer Ablenkung bessere Leckerchen (oder Spiel) einsetzen, bei wenig Ablenkung Trockenfutter.

Ob Clicker oder Markerwort – ein konditioniertes Verstärkersignal sollte im Training nicht fehlen. (Foto: Madeleine Franck)

Neben der echten Belohnung kommt in unserem Training immer auch ein Markersignal zum Einsatz. Wir sprechen synonym von „Markertraining“ oder „Clickertraining“, egal ob Clicker oder Markerwörter als Markersignal genutzt wird.

WARUM MARKERTRAINING?

Warum ist es sinnvoll, den Umweg über den Click zu gehen, statt dem Hund direkt sein Leckerchen ins Maul zu schieben? Die hohe Effektivität des Clickertrainings ist unumstritten, es bringt schnelle und zuverlässige Erfolge. Als Hauptargument dafür wird meist die Tatsache genannt, dass man mit dem Clicker präzise das gewünschte Verhalten des Hundes verstärken kann, weil das Timing mit einem Click besser ist als mit einem Leckerchen. Für uns ist Markertraining aber nicht nur wegen der Verbesserung des Timings im Training das Mittel der Wahl. Viel entscheidender ist für uns der Zusammenhang zwischen dem Click und den Vorgängen, die damit im Hundehirn in Gang kommen.

Gefühle entstehen technisch betrachtet im Gehirn durch die Ausschüttung bestimmter Botenstoffe. Bei einem Hund, der auf ein Markersignal konditioniert ist, wird im Training durch die Clicks zusätzliches Dopamin freigesetzt. Gleichzeitig sorgt das ausgeschüttete Noradrenalin für die optimale Erregung zum Lernen und Behalten. Jedes positive Verstärkersignal wird mit der Zeit selbst zum Verstärker. Clicken löst damit ein inneres Wohlgefühl aus, und das ist die aus unserer Sicht wichtigste Antwort auf die Frage, warum man clicken sollte. Mit einem konditionierten Belohnungssignal wie dem Clicker hat man damit über den vermeintlichen Umweg des Clicks den Zugriff auf das intrinsische Belohnungssystem des Hundes.

PRAXISÜBUNG:

Clicker oder Clickwort konditionieren

Nimm dir eine Handvoll attraktiver Leckerchen und halte Nachschub bereit. Verstecke den Clicker anfangs hinter dem Rücken, damit der Hund nicht erschrickt. (Bei geräuschempfindlichen Hunden muss man besonders vorsichtig sein. Hier lieber den Clicker zunächst in der Hosentasche clicken oder darauf achten, einen extraleisen auszuwählen.) Im Konditionierungsprozess lernt der Hund nun die Bedeutung des Geräuschs: Jeder Click bedeutet ein Leckerchen. Dazu schiebst du ihm anfangs immer zeitgleich ein Leckerchen ins Maul, während du clickst. Nach ein paar Wiederholungen solltest du die Zeitspanne zwischen Click und Futter verlängern, also erst clicken, danach füttern.

Bevor du den Clicker für Übungen einsetzen kannst, solltest du testen, ob der Hund richtig auf das Geräusch reagiert: Drücke auf den Clicker in einem Moment, in dem er sich gerade mit etwas anderem beschäftigt. Dreht er sich sofort um? Weiß er, dass er nun ein Leckerchen erwarten kann?

Wenn das einmal nicht so ist, war wohl die Ablenkung zu groß. Sorge in einer solchen Situation dafür, dass er trotzdem sofort sein Leckerchen bekommt. Notfalls schiebe ihm die Belohnung ins Maul. Dadurch steigt die Wahrscheinlichkeit, dass er beim nächsten Mal besser reagiert. Es bedeutet aber auch, dass du den Clicker noch mal nachkonditionieren musst.

Zusätzlich oder als Alternative kannst du nach dem gleichen Prinzip ein Clickwort konditionieren. Das Wort bietet den Vorteil, dass deine Hände frei bleiben, was gerade in der Mehrhundehaltung ein nicht zu unterschätzendes Argument ist. Trainierst du mit mehreren Hunden, kannst du für den ersten „Click", den zweiten „Top", den dritten „Yes" und so weiter als Belohnungssignal konditionieren und später damit das Verhalten der Einzelnen auch in einer Gruppensituation gezielt verstärken. ■

DAS UPS-WORT

Das Ups-Wort ist praktisch das Gegenteil des Clickworts oder Clickgeräuschs. Es ist ein sogenannter „No Reward Marker" und sagt dem Hund: „Dafür gibt's keine Belohnung." Richtig eingesetzt hilft das Ups dem Hund, auch aus seinen Fehlern zu lernen. Wichtig ist, dass es in einem neutralen Tonfall gesagt wird und nur eine Information an deinen Hund weitergibt, nicht etwa deine Enttäuschung, wenn etwas schiefgegangen ist. Du kannst das Ups-Wort vor allem einsetzen, um zuvor gut trainierte Übungen und Hörzeichen gegen Ablenkung abzusichern. Damit forderst du den Hund heraus, sich immer noch ein bisschen mehr anzustrengen, egal ob du beispielsweise in einer Bleibübung einen Ball an ihm vorbeirollst oder ob du die Leckerchen vor ihm fallen lässt. Macht er einen Fehler, heißt es „Ups", und er bekommt sofort eine neue Chance, es beim nächsten Mal besser zu machen und den Click plus seine Belohnung doch noch zu bekommen.

PRAXISÜBUNG:

Ups-Wort beibringen

Um deinem Hund die Bedeutung des Ups zu vermitteln, bring ihn in eine Situation, in der du ihn zu einem Fehler bei einer zuvor gut mit Click und Belohnung trainierten Übung verführen kannst. Wir nutzen dafür gern die Doggie-Zen-Übung: Sie verbessert einerseits die Futterkontrolle des Hundes, sorgt aber andererseits auch dafür, dass er die jeweilige Position besser versteht. Dazu bringst du ein Leckerchen gaaanz langsam in Richtung Hundemaul. Nur wenn der Hund es schafft, auf deinen Leckerchen-Lieferservice zu warten, kommt kurz vor dem Maul das Click und das Futter wird dann schnell hineingesteckt.

Wenn du Doggie-Zen im Sitzen übst, ist das wichtigste Kriterium, dass dein Hund alle vier Füße am Boden lässt, während du mit dem Futter kommst. Ob dieses Kriterium erfüllt ist, lässt sich leicht sehen, und es sollte dir sofort auffallen, wenn eine Pfote abhebt und der Hund sich dir entgegenstreckt. Ist dieser Minimalanspruch erfüllt, greift das nächste Kriterium: Der Hund darf seinen Schwerpunkt nicht verändern, soll also keinen langen Hals machen und dir das Maul auch nicht entgegenstrecken. Zu leicht wird dann nämlich die ganze Position ungenau und du belohnst am Ende nicht ruhiges Sitzen, sondern Futterbetteln.

Hebt der Hund also eine Pfote oder kommt dir entgegen, sagst du einfach „Ups" und ziehst deine Leckerchenhand zurück. Spätestens nach dem zweiten Ups sollte er sich zusammenreißen, sodass du ihn wieder clicken und belohnen kannst. Gleichzeitig hat er verstanden, dass das Ups das Verschwinden der Belohnung signalisiert. (Schafft er es mehrfach nacheinander nicht, sich zu beherrschen, war dein Anfangstraining fürs Sitzen wahrscheinlich nicht gut genug. Geh nochmal einen Schritt zurück in deiner Anforderung und belohne ihn exakt in der richtigen Position, indem du das Futter schnell in sein Maul bringst.) ■

Entspannung

Wir alle wünschen uns entspannte, gelassene Hunde. Wie die Gruppendynamik die Erregung verstärkt, haben wir bereits

Beim Doggie-Zen lernt der kleine Smuk, dass ein Fehler wie Pfoten abheben zu „Ups“ und Zurückziehen der Leckerchenhand führt. (Foto: Madeleine Franck)

beschrieben. Ein weiteres Problem dabei ist: Wenn ein Hund zu viel Aufregung ohne Ausgleich erlebt, stellen sich sein Körper und sein Gehirn zunehmend auf das Erleben von Erregungszuständen ein. Es wird dann immer schwieriger für ihn „runterzukommen", und das Abwechseln von Aktivität und Ruhe, Entspannung gerät aus dem Gleichgewicht.

Vielleicht kennst du das Phänomen: In bestimmten Situationen oder an bestimmten Orten steigt die Erregungslage deiner Hunde, weil sie damit etwas Aufregendes verknüpft haben. Wenn du beim Spaziergang zum Beispiel immer an einem Haus vorbeikommst, hinter dessen Gartenzaun ein Hund kläffend und knurrend auf und ab rennt, ist es schwer für deine Vierbeiner, entspannt zu bleiben. Ist der fremde Hund einmal nicht hinterm Zaun, werden deine Hunde an der Stelle wahrscheinlich trotzdem aufgeregt sein.

Genauso, wie sich Erregung situationsspezifisch im Hundegehirn verknüpft, lässt sich auch Entspannung ritualisieren und an Orte, Situationen und Hörzeichen koppeln. Um dei-

Verknüpfst du die Entspannungsrituale auch mit einer bestimmten Decke, hat das den Vorteil, dass du diese Entspannungshilfe für deine Hunde überallhin mitnehmen kannst. (Foto: Madeleine Franck)

ne Hunde einzeln und auch in der Gruppe dabei zu unterstützen, sich in bestimmten Situationen gar nicht erst auf- oder wenigstens schnell wieder abzuregen, ist es daher sinnvoll, Entspannung gezielt mit jedem Einzelnen zu trainieren.

PRAXISÜBUNG:

Entspannt zu Hause

Das eigene Zuhause sollte der Ort sein, an dem deine Hunde zur Ruhe kommen. Diese Zeiten sind fürs Wohlfühlbudget genauso wichtig wie alles, was mit Erkunden, Spiel und Action zu tun hat. Dazu gehören echte, tiefe Schlafphasen, aber auch Dösen und einfach nur „Abhängen". Gerade für aktive, lebhafte Hunde ist es schwierig, sich zu entspannen, wenn sie in einem Haushalt mit Kindern, viel Besuch oder eben mit mehreren Hundekumpeln leben. Solche Hunde brauchen meistens Hilfe dabei zu lernen, regelmäßig abzuschalten.

Etabliere bestimmte Orte im Haus, die mit Nichtstun verknüpft sind, und sorge dafür, dass ein Hund, der diesbezüglich noch Übungsbedarf hat, dort nicht gestört wird. Das kann bedeuten (wie schon unter „Organisation" erwähnt), mit einem Welpengitter einen Zimmerbereich abzutrennen, zu dem weder Kinder noch andere Hunde Zutritt haben. Richte dem Hund dort einen gemütlichen Platz mit einem Körbchen oder einer Höhle ein. Überlege dir Signale, die ihm vermitteln, dass du für eine gewisse Zeit „nicht verfügbar" sein wirst. Das kann zum Beispiel ein Hundehalstuch sein, auf das du ein paar Tropfen Beruhigungsspray wie Pet Remedy gesprüht hast und das du ihm immer anziehst, wenn er in seinen Ruhebereich geschickt wird, oder eine akustische Entspannungshilfe, wie der RelaxoDog, den du immer auf- und anstellst. Selbstverständlich sollten keine dringenden Bedürfnisse der Ruhezeit entgegenstehen – das heißt, der Hund hatte Bewegung und konnte sich lösen. In seinem Welpengitter erwarten ihn ein gestopfter Kong® oder ein Kauknochen, mit dem er sich für eine kurze Zeit beschäftigen kann, bevor er schlafen soll. Währenddessen kannst du deinen üblichen Routinen nachgehen und den Hund ignorieren (Staubsaugen bitte auf später verschieben). Selbst wenn er nach dem Ausschlecken des Kongs® kurz unruhig wird, vielleicht ein wenig auf und ab läuft, gehst du nicht zu ihm hin. (Kennt dein Hund das Alleinbleiben noch überhaupt nicht, solltest du jedoch in Sichtweite bleiben und auf *Seite 79 weiterlesen.)* *Die allermeisten Hunde finden zur Ruhe, wenn sie verstehen, dass sie keine Aufmerksamkeit zu erwarten haben, nichts verpassen und auch nicht die Wahl haben, einer anderen Aktivität nachzugehen.*

Hat dein Hund mithilfe deiner Übungsroutinen gelernt zu entspannen und zu schlafen, kannst du das Prinzip auch auf andere Orte im Haus, andere Körbchen und mit mehr Ablenkung durch die anderen Hunde übertragen. Mit der Zeit werden deine Hilfen immer weniger notwendig sein. Vielleicht zieht sich dein Hund von selbst an seinen Ruheort zurück oder er schläft einfach auch woanders. ■

PRAXISÜBUNG:

Konditioniertes Entspannungswort

Nutze ruhige Kuschelzeiten zu Hause, um ohne großen Aufwand ein Hörzeichen für diesen entspannten Zustand einzuführen. Streichle deinen liegenden Hund beispielsweise in langsamen, gleichmäßigen Bewegungen entlang des ganzen Körpers. Beobachte und höre auf seine Atmung; erspüre, ob er mit lockerer Muskulatur und ohne Körperspannung deine Streicheleinheiten genießt.

Viel Kuscheln ist gut für die generelle Entspannungsbereitschaft. (Foto: Madeleine Franck)

Sage dann wiederholt ein Wort wie „Ommmm" in einem ruhigen Tonfall. Dieses Wort kannst du später einsetzen, um den Hund an sein Gefühl während der Kuschelzeit zu erinnern und um ihm zu helfen, nach einer aufregenden Situation wieder zur Ruhe zu kommen.

Viel Kuscheln und Körperkontakt verstärken automatisch die Entspannungsbereitschaft des Hundes. Dabei wird Oxytocin freigesetzt, das nicht nur bindungsfördernd wirkt, sondern auch die Ausschüttung von Stresshormonen wie Cortisol reduziert. Ein konditioniertes Entspannungswort muss allerdings immer wieder „aufgeladen" werden, nachdem du es eingesetzt hast. Sonst besteht die Gefahr, dass sich seine Bedeutung für den Hund ändert und er den Erregungszustand damit verknüpft, bei dem du ihm mit deinem „Om" helfen wolltest. ■

PRAXISÜBUNG:

Kinntarget

Vielleicht kennst du das von dir selbst: Viele Menschen ziehen bei Stress die Schultern hoch und bekommen Nackenschmerzen, weil sie ihre Muskulatur verkrampfen. Auch wenn die Anatomie des Hundes anders ist als unsere, gibt es einen ähnlichen Effekt. Erregung durchzieht den ganzen Körper deines Hundes, seine Anspannung spiegelt sich in seinem Muskeltonus wider. Das Stressempfinden ist an körperliche Vorgänge geknüpft und eine Entspannung der Muskulatur führt zum Absinken der Erregung.

Bei der Kinntarget-Übung lernt der Hund, seinen Kopf, genauer sein Kinn, in deiner offe-

nen Hand abzulegen. Was im Training wie ein normaler Trick aussieht, hat dann eine entspannende Wirkung. Je schwerer der Kopf des Hundes in deiner Hand liegt, desto besser.

Nimm dazu Leckerchen in die rechte Hand, halte die Handfläche der linken Hand geöffnet nach oben und reiche dem Hund das Futter so mit der rechten an die linke Hand heran, dass es dabei zu einer Berührung mit dem Kinn kommt. Je nach Größe deines Hundes kannst du seinen kompletten Unterkiefer in deine linke Hand „ziehen", indem du das Futter von schräg unten anbietest. Ein sehr kleiner Hund kann sein Kinn auf zwei Finger deiner linken Hand legen.

Clicke die gewünschte Berührung und füttere mehrfach, bevor du dein Auflösungswort sagst und deine Hand wegnimmst. So lernt dein Hund schnell, den Kopf auch aktiv in der Hand zu lassen, solange er mit Futterlieferservice weiter versorgt wird. Wenn er verstanden hat, wofür die Clicks und Belohnungen kommen, kannst du dein neues Wort (zum Beispiel „Kinn") dazusagen.

Anfangs hilfst du dem Hund noch mit Locken und dem idealen Positionieren deiner Hand. Biete ihm bald nur noch die linke Hand an und clicke und belohne erst, wenn er selbstständig den Kopf darauf legt. Übe immer an einem Kriterium gleichzeitig, also entweder Selbstständigkeit, Dauer, Schwere des Kopfes.

Haben deine Hunde im Einzeltraining gelernt, sich mithilfe des Kinntargets zu entspannen, kannst du diese Übung im Alltag auch als Gradmesser für Erregung einsetzen. Teste in verschiedenen Umgebungen und Situationen, auf dem Spaziergang, gemeinsam in der Gruppe und so weiter, ob jeder der Hunde sich gerade auf diese Übung einlassen kann. Legen dir alle problemlos überall den Kopf in die Hand, sind sie offenbar schon ziemlich entspannt drauf. Fällt es einem der Hunde schwer, übe mit ihm vermehrt in aller Ruhe in der betreffenden Situation. Verursacht die Gruppe zu viel Erregung oder Ablenkung, lass die anderen Hunde abliegen und warten, während du dich mit dem Trainingskandidaten beschäftigst. ■

Übe den Kinntarget mit einem jungen Hund erst alleine, bevor du das Kopfablegen in einer Gruppensituation weiter festigen kannst. (Foto: Madeleine Franck)

(Foto: Madeleine Franck)

ALLTAGSGESTALTUNG UND ERZIEHUNG

Als Mehrhundehalter gewöhnt man sich schnell an die Herausforderungen des neuen Hundealltags. Genau wie bei der Gruppendynamik erhöhen sich auch die Anforderungen bei Alltagsgestaltung und Erziehung mit jedem weiteren Hund. Die größte Gruppe, mit der wir bisher dauerhaft zusammengelebt haben, waren sechs Hunde. Unser persönlicher Eindruck ist, dass eigentlich zwei oder höchstens drei eine gute Zahl ist, wenn der Alltag neben Hunden auch noch aus anderen Verpflichtungen wie Arbeit, Kinderbetreuung und Haushalt besteht.

Wie aufwendig sich tägliche Spaziergänge, Fütterungen und Beschäftigung gestalten, hängt natürlich stark mit den jeweiligen Lebensbedingungen zusammen. Drei Hunde in einer Großstadtwohnung zu halten, diese nur angeleint ausführen zu können und für jeden richtigen Spaziergang ins Auto steigen zu müssen ist etwas anderes, als in einem Haus mit großem Grundstück direkt am Waldrand zu leben.

Abgesehen von diesen äußeren Rahmenbedingungen hängt es von den jeweils beteiligten Hunden und deren Erziehung ab, wie einfach oder kompliziert sich das Zusammenleben gestaltet.

Ein neues Familienmitglied gut integrieren

Meist beschäftigen sich Erziehungsfragen mit speziellen Übungen, die jeweils vorab einzeln trainiert werden sollten. In einigen Bereichen ist das erzieherische Einwirken des Menschen aber immer genau dann gefragt, wenn die Hunde zusammen sind. Wenn es um das Verhalten gegenüber den anderen Hunden geht, beginnt der Erziehungsauftrag sozusagen mit dem ersten Zusammentreffen.

Den Einzug eines neuen Familienmitglieds kann man schon im Vorfeld vorbereiten, indem man das Wohlfühlbudget des eigenen Hundes extragut auffüllt. Wir kennen alle das Phänomen, dass man im Urlaub viel leichter nette Bekanntschaften schließt als in der Hektik des Alltags beim Einkaufen an der Supermarktkasse. Das liegt unter anderem daran, dass Menschen im Urlaub in der Regel gut drauf, entspannt und offen sind. Nun muss der Hund nicht in die Ferien geschickt werden, aber eine besonders schöne Woche mit tollen Spaziergängen, Spaß, genügend Schlaf und einigen Extrahighlights sorgen auch bei ihm für eine gute Stimmung und damit für bessere Vorbedingungen.

DER ERSTE GEMEINSAME SPAZIERGANG

Grundsätzlich gilt, dass es immer leichter ist, zwei Hunde auf neutralem Boden zusammenzubringen. Egal ob ein Welpe oder ein erwachsener Hund einziehen soll, das erste Treffen gestaltet sich am unkompliziertesten bei einem gemeinsamen Spaziergang. So gibt es neben dem neuen Vierbeiner auch noch andere Reize, mit denen sich die Hunde beschäftigen können. Mal eben hier schnuppern, dort gucken, da drüben pinkeln entspannt die Situation, was umso wichtiger ist, je schlechter einer der beiden mit Artgenossen klarkommt. Die eigentliche Zusammenführung steht dadurch nicht so sehr im Zentrum der Aufmerksamkeit.

Einen Welpen oder Kleinhund kann man bei diesem Zusammentreffen anfangs auch auf dem Arm tragen. Der Spaziergang sollte so gestaltet sein, dass die Hunde erst einmal an der Leine bleiben und von verschiedenen Menschen betreut werden. Sie sollen schnell merken, dass dies ein besonders toller Ausflug ist und die Anwesenheit des anderen Hundes für sie nur positive Folgen hat. Das heißt konkret: Es gibt jede Menge Clicks und Leckerchen, ganz viel Ansprache, Lob und Streicheleinheiten durch den Zweibeiner.

Einen kleinen Hund auf den Arm zu nehmen kann für das erste Zusammentreffen eine gute Möglichkeit sein. (Foto: Madeleine Franck)

Fressen hilft nicht nur, die Stimmung zu verbessern, sondern auch Erregungszustände abzumildern. Dabei sollte man darauf achten, ob einer der Vierbeiner eventuell futterneidisch ist, und entsprechend Rücksicht nehmen, indem jeder Mensch nur jeweils einen der Hunde füttert und eine unmittelbare Nähe beim Fressen vermieden wird.

Je schwieriger einer der Hunde oder beide mit Artgenossen sind, desto intensiver sollte man nicht nur pauschal viel füttern, sondern gezielt die Click-für-Blick-Technik einsetzen, um den Anblick des Gegenübers positiv zu färben.

Click-für-Blick

Mithilfe der Click-für-Blick-Technik lassen sich Emotionen beeinflussen, die der Hund zum Beispiel beim Anblick eines anderen Hundes hat. C-f-B stellt somit eine Möglichkeit dar, Schritt für Schritt eine Gegenkonditionierung zu erreichen, wenn mit einem bestimmten optischen Reiz ein Problem besteht. Im Gegensatz zum Ablenkungstraining wird der Hund dafür beclickt und belohnt, dass er aktiv in die Richtung seines „Problems" schaut. Dies hilft, einen inneren Konflikt zu verhindern, wie er leicht entsteht, wenn man das Hinschauen zum Reiz verbietet oder durch Ablenken mit einem Leckerchen verhindert. Das Gefühl, den Feind im Nacken zu haben, bleibt aus; stattdessen muss der Vierbeiner eine bewusste Entscheidung treffen, damit sein Frauchen auf den Clicker drückt oder das Clickwort sagt.

Erst wenn sich nach entsprechendem Training die Einstellung des Hundes verändert hat, lernt er in der nächsten Phase, den ursprünglichen Auslösereiz zu ignorieren, indem man nun für Blickkontakt zum Menschen clickt. Dies schleicht man nach einer gewissen Zeit aus und die emotionale Bewertung des Anblicks eines anderen Hundes verschiebt sich in Richtung neutral.

Für Hunde, die ungern Futter annehmen, kann man andere Highlights einplanen, wie schwimmen dürfen, an Mauselöchern buddeln oder was sonst auf der Liste der Lieblingsbeschäftigungen steht. Wichtig ist, dass sie mit der Anwesenheit des anderen Vierbeiners ein besonders gutes Gefühl verknüpfen. Vermieden werden sollten Bällchenspiele und Ähnliches, bei denen es Ärger um ein Spielzeug geben könnte.

Intuitiv wird man einschätzen können, wann die Vierbeiner entspannt genug sind, um einander Hallo sagen zu können und auch ohne Leine miteinander interagieren zu dürfen. Bei schwierigen Zusammenführungen muss das nicht unbedingt beim ersten gemeinsamen Spaziergang erreicht werden. Idealerweise schafft man sich bei vorab bekannten Problemen die Möglichkeit, vor dem Umzug des Neuzugangs öfter als einmal gemeinsam loszuziehen. Wenn das nicht möglich ist, sollte im neuen Zuhause vorübergehend eine räumliche Trennung erfolgen, bis die Spaziergänge harmonisch verlaufen.

Freundliche und unkomplizierte Hunde spielen in der Regel eine Runde miteinander, und danach ist das Eis gebrochen.

PRAXISÜBUNG:

Positive Erwartungen schaffen

Ist dein Ersthund/einer deiner Hunde eher „hundeunfreundlich", ist es besonders wichtig, ihn schon frühzeitig mit dem Geruch des neuen Familienmitglieds vertraut zu machen und diesen positiv zu besetzen. Selbstver-

ständlich profitiert aber auch jeder andere Hund davon.

Wird ein Welpe bei dir einziehen, nimm eine Kuscheldecke (oder ein Hundehandtuch) mit zu deinen Welpenbesuchen und deponiere sie eine Zeit lang in der Wurfkiste. So kannst du den Welpengeruch anschließend mit nach Hause nehmen und dort auf dem ausgebreiteten Handtuch Leckerchen verstreuen. Deine anderen Hunde werden beim Aufsammeln des Futters automatisch den Welpengeruch abschnüffeln und positiv verknüpfen. Wirst du einen erwachsenen Hund aus dem Tierheim oder von einer Pflegestelle übernehmen, frag, ob du vielleicht eine Decke zum Tausch dortlassen und eine benutzte Decke mit nach Hause nehmen darfst. Auf jeden Fall solltest du nach den Besuchen beim Neuzugang den/die Ersthund/-e zu Hause ausgiebig schnüffeln lassen. Aus den nach dem Welpenstreicheln ungewaschenen Händen gibt es dann Leckerchen, um auch hier wieder den neuen Geruch mit etwas Angenehmem zu verknüpfen. ■

ZU HAUSE ANGEKOMMEN

Es ist immer ratsam, den Neuankömmling sein neues Zuhause in Abwesenheit des Ersthundes erkunden zu lassen. Besonders für einen ängstlichen Hund empfiehlt es sich,

Die kleine Funny hat zuerst nur Sheltie kennengelernt und die Border Collies erst am zweiten Tag im neuen Zuhause. (Foto: Madeleine Franck)

ihm erst einen gemütlichen Rückzugsort einzurichten, bevor beide Hunde zusammen sind. Dazu ist eine vom Züchter oder Vorbesitzer mitgebrachte Decke mit dem eigenen Geruch des Hundes ideal, damit er etwas Bekanntes vorfindet.

Zieht ein neuer Hund in eine Vierbeiner-Großfamilie, sollte man ihn schrittweise integrieren. Er muss nicht alle anderen gleichzeitig kennenlernen, sondern lieber zuerst die netten und unkomplizierten, die ältesten, die ruhigsten – je nachdem, wie es am besten zusammenpasst.

Im neuen Zuhause soll der erste positive Eindruck gefestigt werden. Dazu ist es wichtig, dass der Ersthund nicht wegen des neuen Vierbeiners auf liebgewonnene Privilegien verzichten muss. Dinge, die ihm wichtig sind, müssen auch weiterhin verfügbar sein, damit sein Wohlfühlbudget nicht ins Negative rutscht. Hat er zum Beispiel einen bevorzugten Schlafplatz, sollte man dafür sorgen, dass dieser nicht vom Neuen in Beschlag genommen wird. Ist er es gewohnt, ständig Spielzeuge zur freien Verfügung zu haben, wird es sich vielleicht ungünstig auf seinen Stimmungszustand auswirken, wenn diese plötzlich alle eingesammelt werden. Entweder sollte man eine solche Veränderung langfristig vorbereiten, damit sie nicht mit der Anwesenheit des neuen Hundes verknüpft wird, oder man muss die Situation anders managen. Streit um ein Spielzeug ist in der Regel unwahrscheinlicher, je mehr Auswahl an herumliegenden Spielsachen verfügbar ist. Am besten kommen mit dem neuen Hund gleich ein paar neue, neutral riechende dazu.

Die Regeln für den freundlichen Umgang unter den Hunden gelten von Anfang an. Auch im Haus oder in der Wohnung kannst du mit einfachen organisatorischen Mitteln die Situation entsprechend gestalten. Eine dünne, leichte Hausleine, die am Geschirr befestigt wird, kann eine gute Hilfe sein, um zu verhindern, dass der neue Vierbeiner den oder die Althunde ungewollt belästigt. Dies gilt besonders für ungestüme Welpen oder besonders lebhafte Hunde.

Kannst du die Hunde nicht beaufsichtigen und betreuen, ist die Trennung durch Welpengitter, wie bereits erwähnt, eine Möglichkeit. Diese können auch gute Dienste leisten, falls nicht nur der Neuzugang ungestüm oder besonders spielbegeistert ist, sondern auch einer der Althunde. Damit die beiden nicht eine dauerhafte Spielparty veranstalten und sich ständig gegenseitig hochpuschen, helfen regelmäßige Auszeiten „hinter Gittern" dabei, sich auch anderweitig zu beschäftigen oder einfach zwischendurch zu entspannen.

Erziehung einzeln und in der Gruppe

Für uns ist es das wichtigste Erziehungsziel, dass jeder einzelne Hund lernt, mit der nötigen Selbstkontrolle und größtmöglicher Gelassenheit seinen Alltag zu meistern. Welche konkreten Hörzeichen er dagegen lernen sollte und ob er eher Straßenbahn fahren oder an der Kuhweide vorbeilaufen muss, wird jeder Besitzer nach seinen eigenen Ansprüchen entscheiden und beeinflussen.

Aus unserer Sicht gehören ein sicherer Rückruf, Bleiben, Leinenführigkeit, ein gutes Namensverständnis und ein funktionierendes Unterlassungswort zu den absolut nötigen Grundlagen, damit das Leben mit vielen Hunden halbwegs unkompliziert bleibt. Dazu kommt als weitere Basisübung das brave Verhalten bei Hundebegegnungen.

Über diese Grundlagen hinausgehend, gibt es eine Reihe von weitergehenden Übungen, die das Zusammenleben mit mehreren Hunden deutlich erleichtern. Dazu gehören unter anderem, einen oder alle Hunde auf ihren Platz schicken zu können, das einzelne Abrufen aus der Gruppe, während die anderen bleiben, ein lockeres, sozusagen infor-

Stadthunde müssen in ihrem Alltag andere Herausforderungen meistern als Landeier und dementsprechend andere Lernerfahrungen machen. (Foto: Madeleine Franck)

melles Bei-Fuß-Laufen mit und auch ohne Leine sowie Spielkontrolle und Selbstkontrolle in Bezug auf Futter.

In den meisten Bereichen der Erziehung ist es angebracht, erst mit jedem einzeln und danach in der Gruppe zu trainieren. Es macht zum Beispiel wenig Sinn, mit drei Hunden gleichzeitig Leinenführigkeit zu üben, wenn diese schon getrennt nicht an lockerer Leine laufen können. Mindestens im ersten halben Jahr sollte man sich daher intensiv dem individuellen Training des neuen Hundes widmen, bevor es darangeht, das Gelernte unter Ablenkung in der Gruppensituation zu festigen. Auch zu späteren Zeitpunkten kann es immer wieder nötig sein, mit nur einem Hund an einem konkreten Verhalten neu zu trainieren.

Wer Schwierigkeiten damit hat, seinem Einzelhund eine gute Leinenführigkeit beizubringen, wird sicher nicht in einem Buch zum Thema Mehrhundehaltung nach Trainingstipps suchen. Wir gehen also davon aus, dass es hier nicht um den Aufbau der Grundübungen gehen muss (hierfür empfehlen wir „Das Buch für Hundeeltern“ und/oder unseren Onlinekurs „Alltagstraining und Grundlagen“). Was wir, eingebunden in die nachfolgenden Unterkapitel, beschreiben wollen, ist, worauf du speziell bei der Erziehung mehrerer Hunde achten solltest.

HÖRZEICHEN UND NAMENSBEWUSSTSEIN

Aus eigener Erfahrung raten wir dir, für alle Hunde die gleichen Hörzeichen und Signale zu verwenden. Die Idee, für jeden Hund eigene Wörter für Sitz, Platz, Steh, Bleib, Hier oder Ähnliches zu benutzen, funktioniert vielleicht theoretisch, praktisch kommt der Mensch aber früher oder später durcheinander. Außerdem lernen die Hunde sowieso durch Abgucken, und das Ergebnis sind dann mehrere Hunde, die alle auf vier verschiedene Signale für die gleiche Übung reagieren.

Bezüglich der Empfehlung gleicher Hörzeichen gibt es jedoch eine Ausnahme: Wenn man, wie wir, in der Ausbildung der Hunde mit Markertraining arbeitet, ist ein individuelles Clickwort für jeden Hund eine gute Idee. Es geht aber auch ohne, indem du zusätzlich vor dem Click jeweils den Namen des betreffenden Hundes sagst. Auch beim verbalen Loben solltest du immer wieder den Namen einbinden.

NAME = AUFMERKSAMKEIT

Nicht nur beim Clicken und Loben ist es wichtig, dass alle Hunde ihren eigenen Namen und die Namen der anderen kennen, damit man sie einzeln ansprechen kann. Übe mit jedem Hund daher einzeln seinen Namen als eine Art Aufmerksamkeitssignal. Auch wenn du selbstverständlich den Namen deiner Hunde im Alltag benutzt, kann diese Übung nützlich sein. Allzu oft passiert es nämlich, dass man den Namen mit wechselnden Absichten sagt: Mal wird der Hund mit dem Namen gerufen, sodass „Suuuuki“ eigentlich „Suki hierher“ bedeutet, mal kommt das „Benno!!“ in ärgerlichem Tonfall, weil man „Benno nein“ meinte und den Hund von etwas abhalten will.

Da eine klare Kommunikation und Vorhersagbarkeit von Situationen und Absichten für Hunde wichtig sind, beinhaltet unser Training immer recht viel „Wortverständnis". Wir üben sowohl konkrete Hörzeichen als auch Ankündigungswörter für Handlungen und achten darauf, den Namen nur dafür zu nutzen, den Hund anzusprechen. Er soll dann wissen, dass er gemeint ist, und darauf aufmerksam werden, dass wir etwas von ihm wollen: ihn herrufen, ihn fragen, ob er Lust auf ein Spiel hat, ihn dafür loben, wie toll er gerade an der Leine läuft, und so weiter.

Sage reihum erst den Namen eines Hundes, bevor derjenige ein Leckerchen bekommt. (Foto: Madeleine Franck)

PRAXISÜBUNG:

Namensbewusstsein

Sprich den Hund in einem freundlichen Tonfall mit seinem Namen an, wenn er gerade nicht abgelenkt ist. Clicke dafür, dass er dir in die Augen schaut, und gib ihm dann sein Leckerchen so, dass du es zuerst einmal bis zu deinem Gesicht hochhebst. So verstärkst du den Blickkontakt nicht nur im Moment des Clicks, sondern auch durch die echte Belohnung. Je öfter du den Namen auf diese Art übst und die Reaktion belohnst, desto mehr erhält er – wie jedes andere positiv auftrainierte Signal – selbst eine Verstärkerwirkung, denn der Hund wird sich freuen, wenn er angesprochen wird.

Übe als Nächstes das Namensbewusstsein in der Gruppe, indem du deine Hunde reihum ansprichst, dein (eventuell für jeden Hund individuelles) Clickwort sagst und ein Leckerchen ins Maul des betreffenden Hundes schiebst.

Je eher Futter für deine Hunde ein Faktor für Spannungen ist, desto mehr werden sie davon profitieren, dass du jegliche Leckerchengabe mit dem Namen ankündigst. Übe vorher unbedingt an der Selbstkontrolle in Bezug auf Futter (Seite 80 ff.) und organisiere dir die Situation so, dass stressfreies Lernen möglich ist. Dazu kannst du beispielsweise ein Trenngitter nutzen oder anfangs eine Hilfsperson mit einspannen. Mit dem nötigen Abstand zwischen den Hunden kannst du beide Hunde abwechselnd ansprechen, aber das Füttern übernimmt bei einem Hund die Hilfsperson.

Ist Futterneid sowieso kein Thema, kannst du das Üben des Namensbewusstseins spielerisch ausweiten: Übe das Zuwerfen und Fangen von Leckerchen in Kombination mit dem Namen, lass deine Hunde reihum den Joghurtbecher auslecken, wobei nur derjenige, der dran ist, die Nase hineinstecken darf, oder wirf abwechselnd ein Futterstück ein paar Meter entfernt auf den Boden, hinter dem dann jeweils der genannte Hund herrennen darf. ■

PRAXISÜBUNG:

Einmal alle gucken bitte!

Zusätzlich zum jeweiligen Namen ist ein gemeinsames Aufmerksamkeitswort praktisch, um alle Hunde gleichzeitig ansprechen zu können. Für unsere Hündinnen lautet es schlicht „Mädels!" und bedeutet so viel wie: „Einmal alle gucken bitte!"

Du kannst dein Wort der Wahl genauso wie zuvor den Namen erst einmal einzeln mit den Hunden trainieren oder einfach im Alltag ganz oft mit positiven Ankündigungen kombinieren und so verstärken. Benutze es zum Beispiel, bevor du im Freilauf alle gemeinsam abrufst und dann belohnst, bevor du zur Leckerlischublade gehst und fragst, wer eine Kaustange haben möchte, und bevor du den Aufbruch zum Spaziergang einläutest. Wenn du das Aufmerksamkeitswort so informell einführst, verknüpfst du zwar nicht gezielt ein konkretes Verhalten (wie beim Namen den Blick in dein Gesicht, bevor du clickst), aber du trainierst den emotionalen Aspekt des Wortes: eine positive Erwartungshaltung, denn wer jetzt nicht guckt, verpasst etwas Gutes. ■

HERKOMMEN

Vielleicht die wichtigste Übung in der Mehrhundehaltung ist das Abrufen im Freilauf. Dafür empfehlen wir, erst mit den einzelnen Hunden ein Abrufwort wie „Hier" oder einen Pfiff zu üben, durch Ablenkungstraining gut abzusichern und dieses Hörzeichen dann anschließend in die Gruppensituation zu übertragen. Wenn möglich, trainiere mehrfach im eingezäunten Garten, bevor du zwei oder mehr deiner Hunde auf dem Spaziergang zusammen frei laufen lässt. Sag dein gemeinsames Aufmerksamkeitswort plus Abrufwort, also bei uns „Mädels, hiiiier!", clicke und lobe begeistert fürs Zu-dir-Laufen und belohne mit extra hochwertigen Belohnungen das Ankommen. Sind deine Hunde entspannt miteinander beim Futtereinsatz, kannst du eine Handvoll Leckerlis auf den Boden regnen lassen, und alle können gleichzeitig aufsammeln und fressen. Oder pack dein Zerrspielzeug aus und belohne reihum mit einer kurzen Spieleinheit – wer zuerst bei dir ankommt, darf zuerst ins Spielzeug beißen.

Teste im abgesicherten Bereich, wie gut dein Abrufwort funktioniert, wenn die Hunde anderweitig beschäftigt sind. Lassen sie sich abrufen, wenn sie gerade miteinander spielen? Was passiert, wenn sie zusammen etwas Spannendes entdeckt haben? Dazu kannst du Leckerchen zum Suchen ausstreuen, zum anderen Ende des Gartens gehen und die Hunde gemeinsam abrufen. Lassen alle die restlichen Leckerlis liegen und kommen sofort angerannt? Oder ist es zu spannend, gemeinsam zu schnüffeln? Dann wird auch beim gemeinsamen Spaziergang die Gruppendynamik eher gegen dich arbeiten.

Ebenso wichtig, wie alle Hunde gemeinsam zurückrufen zu können, ist es, dass ein Einzelner aus der Gruppe heraus herkommt. Auch hierfür muss zuvor die Basis stimmen und das Abrufwort intensiv mit den Hunden einzeln geübt worden sein. Willst du das Abrufwort für deinen Neuzugang jetzt in der Gruppe festigen, ist es sinnvoll, damit nicht direkt auf dem Spaziergang, sondern zu Hause ohne große Action anzufangen. Übe Namen plus Abrufwort im Wohnzimmer, wenn die anderen Hunde zwar anwesend, aber vielleicht am Dösen sind. Übe wenn möglich im Garten, wenn die Hunde gerade nichts Spannendes zu tun haben. Organisiere dir dann auch auf den gemeinsamen Spaziergängen optimale Bedingungen. Lass dazu den neuen Hund anfangs eine dünne Schleppleine (zum Beispiel aus Biothane) tragen und rufe ihn häufig mit Namen und Abrufwort zu dir zum Belohnen. Sollte er einmal nicht sofort reagieren, kannst du mit der Schleppleine nachhelfen. Damit verhinderst du einerseits, dass er weiter Spaß mit den anderen Hunden hat und die Erfahrung macht, deine Hörzeichen auch mal überhören zu können. Andererseits schaffst du dir durch das Zurückangeln des Hundes die Gelegenheit, das – wenn auch unfreiwillige – Herkommen zu belohnen und damit weiter zu festigen. Nach ein paar Wiederholungen sollte klar sein, dass in der Gruppe die gleichen Regeln fürs Herkommen gelten wie vorher einzeln geübt.

Für die anderen Hunde ist jede individuelle Abrufübung eine Gelegenheit, das Namensbewusstsein weiter zu verbessern. Dadurch, dass sie in dieser Situation leer ausgehen, selbst wenn sie unaufgefordert ebenfalls herkommen, werden sie lernen, dass sie nur gemeint sind, wenn ihr Name auch tatsächlich gerufen wurde. Dies fördert gleichzeitig die allgemeine Aufmerksamkeit, denn was der Mensch sagt, ist wichtig, und genaues Zuhören lohnt sich!

DAS UNTERLASSUNGSWORT

Ein Unterlassungswort dient als konkrete Ansage an den Hund, sofort mit dem aufzuhören, was er gerade tut. Die meisten Hundebesitzer benutzen intuitiv ein Unterlassungswort, vergessen aber, dem Hund die Bedeutung vorher beizubringen. Jeder einzelne Hund sollte möglichst früh als Welpe auf positivem Weg lernen, dass „Nein", „Lass es" oder „Äh-Äh" sofort befolgt werden müssen. Geübt wird das angeleint in einer Beispielsituation. Das falsche Verhalten wird dabei durch die Leine einfach verhindert, das richtige belohnt – auch wenn anfangs das Unterlassungswort gar nicht zu einer freiwilligen Reaktion geführt hat. Damit das Unterlassungswort vom Welpen wirklich verstanden wird, braucht es Wiederholungen in verschiedenen Situationen. So kannst du beispielsweise erst mit einer Futterverleitung am Boden üben, die dein Hund nicht fressen soll, und das gleiche Wort benutzen, wenn er sich mit seinen Welpenzähnchen in deinen Hosenbeinen verbeißen will. Auch wenn er deinen Ersthund nervt oder auf dessen Signale wie Abwenden, Zähnezeigen oder gar Knurren nicht reagiert, kannst du dein Unterlassungswort anwenden. Greif dann den Welpen an der Hausleine und hilf ihm, sich abzuwenden und den anderen Hund in Ruhe zu lassen.

Auch wenn du anfangs die Leine einsetzen musst, um das unerwünschte Verhalten zu unterbrechen, solltest du sofort clicken und danach belohnen. Organisiere dir für deinen Welpen (oder neuen Hund) viele Übungssituationen, um Wiederholungen zu sammeln. Schon bald wirst du die Leine nicht mehr brauchen und kannst die eigene Entscheidung des Hundes clicken.

Viele Probleme und unerwünschte Verhaltensweisen lassen sich durch gutes Management, also organisatorische Mittel, verhindern. Darauf sollte beim Alltagstraining des Hundes immer der Fokus liegen – proaktiv Situationen gestalten, damit der Einsatz des Unterlassungsworts so selten wie möglich nötig wird. Aber um in der Interaktion der Hunde unangemessenes Verhalten ausbremsen zu können, ist es hilfreich, auch klare „Verbote" aussprechen zu können. So mancher leicht erregbare Junghund

Beim gemeinsamen Abruftraining kann man die Gruppendynamik auch als Verstärker nutzen. (Foto: Madeleine Franck)

neigt beispielsweise dazu, im Spiel oder beim gemeinsamen Abrufen in den Althund reinzubeißen. Gerade in dynamischen Situationen braucht es ein Hörzeichen, das, kombiniert mit dem Namen des Junghundes, unmissverständlich klarmacht: „Lass das! Und das gilt grundsätzlich, auch für die Zukunft." Am besten bringst du den Hund danach auf andere Gedanken und sorgst dafür, dass er sich mit etwas anderem beschäftigt.

STRESS DURCH UNTERLASSUNGSWORT?

In der Gruppe ist es besonders wichtig, immer den Namen des betreffenden Hundes vor dem Unterlassungswort zu sagen: „Luna, nein!", damit sich nicht alle angesprochen fühlen. Sensible Hunde sollten mindestens gleichzeitig gelobt, wenn nicht sogar belohnt werden, wenn ein anderer das Unterlassungswort zu hören bekommt. So manches Sensibelchen gerät sonst unter Stress, weil der Welpe öfter in seiner Gegenwart das Unterlassungswort zu hören bekommt. Vielleicht wird in diesem Fall aber auch dem Welpen zu viel Freiraum für Dummheiten gewährt. Solltest du dich dabei erwischen, dein Unterlassungswort oft in einer ähnlichen Situation einsetzen zu müssen, denk darüber nach, wie du diese Momente besser organisieren könntest. Wer weniger Möglichkeiten hat, Unsinn zu machen, etwa weil er angeleint ist, bekommt weit mehr positive Aufmerksamkeit, was allen nur guttut. Auch auf die allgemeine Stimmung wirkt es sich positiv aus, wenn wir nicht ständig nörgeln.

BLEIB

Nicht über die Türschwelle gehen, wenn die Haustür offen steht, mal eben kurz an einer bestimmten Stelle warten, bis ein Handtuch zum Pfoten-Abtrocknen geholt ist, im Auto bleiben, wenn sich der Kofferraumdeckel öffnet, das sind Anwendungsbeispiele für ein Bleib-Signal. Fast noch wichtiger als das Signal zum Bleiben ist bei diesen Übungen ein Auflösungswort, das das Warten beendet. Ein solches informelles Bleiben in einer beliebigen Position und genauso gut das Warten im Sitz, Platz oder Steh kannst du nach dem gleichen Prinzip trainieren, nämlich am einfachsten mit der Pendelmethode. Dabei gibt es erst einmal mehrere Clicks und Leckerchen für das Warten beziehungsweise das Warten in der gewünschten Position, bis du dein Auflösungswort sagst, zum Beispiel „Okay", „Ende" oder „Lauf". Hat der Hund das Prinzip verstanden, dass er bis zum „Okay" an der jeweiligen Stelle bleiben soll, kannst du schrittweise die Entfernung vergrößern. Erst gehst du nur einen Schritt, clickst und kehrst zum Füttern zum Hund zurück, dann zwei, drei, vier, fünf Schritte und so weiter. Wie bei einem Pendel gehst du immer hin und zurück: Geclickt wird aus der Entfernung, danach belohnst du direkt beim Hund.

Aus emotionaler Sicht betrachtet, ist es wichtig, dass der Hund seine Belohnungen und sein Lob während der Übung erhält und dadurch eine positive Einstellung zum Bleiben bekommt. Im Gegensatz dazu belohnt zum Beispiel ein am Ende der Bleib-Übung geworfenes Bällchen eigentlich das Aufste-

Abrufen und Bleib-Übung in Kombination erfordern ein gutes Namensbewusstsein. (Foto: Madeleine Franck)

Jetzt haben sich alle drei eine Belohnung verdient. (Foto: Madeleine Franck)

hen, weshalb entspanntes Warten immer schwieriger und dessen Ende vom Hund immer mehr herbeigesehnt wird.

Bei mehreren Hunden wirkt die Gruppendynamik ähnlich wie ein geworfenes Bällchen, wenn nach dem „Okay" alle gemeinsam losflitzen dürfen. Umso wichtiger wird es, in das gute Gefühl beim Bleiben zu investieren und dies auch in der Gruppe intensiv zu üben. Dazu gibt es beim Pendeln einfach reihum Leckerchen für alle, solange sie brav warten. Trainiert man dies öfter mit angeleinten Hunden, kann man den Hurra-Effekt am Ende etwas abschwächen. Sind die Bleib-Übungen noch wackelig, empfiehlt es sich sowieso, die Leine dranzulassen, damit nicht ungewollt das vorzeitige Aufstehen durch ein gemeinsames Rennspiel belohnt wird. Passiert dann ein solcher Fehler, kannst du wunderbar das Ups-Wort einsetzen.

PRAXISÜBUNG:

Warten trotz Abrufen

Eine Übung für Fortgeschrittene ist es, das Bleiben auch zu trainieren, während ein einzelner Hund abgerufen wird. Bevor du tatsächlich einen aus der Gruppe über eine längere Distanz rufst, solltest du zuerst auf einem geringeren Erregungslevel üben. Dazu wird das Auflösungswort mit dem Namen verknüpft und so das Warten für nur einen Hund beendet. Während du zum Beispiel „Paul okay" sagst, bekommt Emil gleichzeitig ein Leckerchen fürs Liegenbleiben ins Maul geschoben. Zusätzlich kannst du den Hund, der in dieser Sequenz bleiben muss, durch eine Leine absichern. Außerdem ist es hilfreich, mit den Hunden das Bleiben einzeln unter starker Ablenkung zu üben, etwa während die anderen spielen oder herumlaufen dürfen. Kommt dann im nächsten Schritt das eigentliche Abrufen, fällt den Übrigen das Warten nicht mehr so schwer, weil sie bereits durch Training gegen Bewegungsreize und das Aufstehen des anderen Hundes „immun" geworden sind. ■

ALLEINBLEIBEN

Leben in der Familie bereits mehrere Vierbeiner, passiert es recht häufig, dass man unbemerkt vergisst, mit einem neuen Hund das Alleinbleiben zu üben. Irgendwie ist in einer Großfamilie ja immer jemand zu Hause. Selbst wenn es im Alltag eigentlich nicht vorkommt, dass einzelne Hunde allein bleiben müssen, sollte man es dringend mit jedem geübt haben. Vielleicht gibt es sonst eine unangenehme Überraschung, wenn man während der ersten Läufigkeit oder nach einer OP die Vierbeiner mal getrennt unterbringen muss. Es sollte eine Selbstverständlichkeit werden, dass auch ein Welpe oder neuer Hund allein in einem geschlossenen Zimmer oder im Auto bleiben kann und sich dort entspannt.

Wir empfehlen, das Alleinbleiben mithilfe eines kleinen abgetrennten Bereichs, also einer Art Laufstall aus Welpengittern, zu trainieren. Darin sollte ein gemütliches Körbchen oder eine Hundebox stehen, in die der Welpe sich zurückziehen kann. Übe in diesem Laufstall zuerst das entspannte Zur-Ruhe-Kommen mit einem „Bin nicht verfügbar"-Signal, wie auf Seite 61 beschrieben. Erst wenn dein junger Hund sich problemlos hinter dem Gitter aufhält, solange du beschäftigt (aber anwesend) bist, kommt das eigentliche Alleinbleiben.

Dazu wird ein besonderer Kau-Snack oder ein gefüllter Kong® hinter die Tür des Welpengitters gelegt, in die die Hunde erst einmal nicht hineindürfen. Schließlich erlaubt man dem Welpen, in seinen Laufstall zu gehen, wo er hinter verschlossener Tür fressen darf. Währenddessen verlässt man selbst den Raum. Noch bevor der Welpe jedoch aufgegessen hat, kommt man zurück, der Welpe muss den Bereich wieder verlassen und man nimmt den Kong® weg. Die Attraktivität des Laufstalls wird noch dadurch gesteigert, dass die anderen Hunde zuschauen müssen. Wichtig ist jedoch, dass man nicht vergisst, das Ganze bald auch ohne sie üben.

Sobald das Alleinsein im Laufstall auf diese Art positiv eingeführt wurde, kann man die Zeitspanne schrittweise verlängern. Vor allem zu Anfang sollte man dabei immer zum Hund zurückkehren, bevor dieser mit seiner Futterbeschäftigung fertig ist. So hat er keinen Grund, die Rückkehr des Menschen herbeizusehnen, weil dann ja sein Kong® verschwindet. Gleichzeitig festigt sich seine Strategie für den Umgang mit dem Alleinsein: entspannt vor sich hin kauen. Da er in Anwesenheit seines Menschen schon gelernt hat, wie es danach weitergeht – nämlich hinlegen und schlafen –, wird er das Gleiche dann auch allein tun, sobald der Kong® leer geschleckt ist.

Fütterung

Die gemeinsame Fütterung sollte möglichst von Anfang an so gestaltet sein, dass Futterneid vermieden wird. Das bedeutet, jeder Hund muss wissen, dass er ungestört in Ruhe fressen darf, bis er fertig ist. Wir finden es am besten, wenn jeder seinen Napf an einem

Haben die Hunde gelernt, entspannt miteinander zu fressen, reicht ein kleiner Individualabstand, damit sich alle mit ihren Kauknochen sicher fühlen. (Foto: Madeleine Franck)

festen Platz mit entsprechendem Abstand bekommt. Gefressen wird immer unter Aufsicht, damit keiner beim anderen klauen kann oder vom Futter vertrieben wird. Sind alle fertig, dürfen die Näpfe der anderen Hunde gern kontrolliert und nachgeleckt werden. Hat ein einzelner Hund durch die Nähe der anderen Hunde Stress beim Fressen, sodass er zum Beispiel extrem schlingt oder gar nicht essen mag, ist es oft sinnvoller, ihn separat hinter einer verschlossenen Tür zu füttern.

Viele Hundebesitzer legen Wert darauf, dass der Hund erst eine bestimmte Position einnimmt und wartet, bevor er zum Napf gehen darf. Dieses Ritual kann man natürlich auch mit zweien oder mehreren einhalten. Es ist nicht unbedingt nötig, um die Fütterung entspannt zu gestalten, schadet aber sicher auch nicht.

Hat man bereits einen tendenziell futterneidischen Hund zu Hause, muss man die Fütterung umso besser organisieren. Dazu kann man beide Hunde im gleichen Raum durch ein Gitter getrennt füttern. So können beide mit der Zeit lernen, dass sie immer ungestört vom anderen auffressen können. Sie gewöhnen sich gleichzeitig an die Nähe des anderen in der Situation, ohne dass man das Risiko eingeht, dass es Ärger geben könnte. In diesem Fall ist es besser, auch langfristig die Näpfe nach dem Fressen umgehend wieder wegzunehmen und den Hunden nicht zu gestatten, gegenseitige Restekontrolle zu betreiben.

Es lohnt sich immer zu versuchen, den Futterneid Schritt für Schritt aufzulösen, denn sonst kann auch das gemeinsame Training mit Futterbelohnungen schwierig sein. Hat der Hund jedoch ein tiefsitzendes Problem, reicht es wahrscheinlich nicht, nur auf Gewöhnung und Entspannung zu setzen. Vor allem, wenn er auch gegenüber Menschen sein Futter verteidigt, ist es sinnvoll, sich Unterstützung von einem guten (positiv arbeitenden) Hundetrainer zu suchen.

SELBSTKONTROLLE BEI FUTTER

Das It's-your-choice-Spiel (Du-hast-die-Wahl-Spiel) der kanadischen Trainerin Susan Garrett ist in unserer Grunderziehung ein festes Element geworden, um die Selbstkontrolle des Hundes rund um Fressbares zu schulen. Dabei lernen die Hunde zunächst im Einzeltraining, sich angesichts von in der offenen Hand präsentierten Leckerchen selbst zu kontrollieren, um erfolgreich zu sein. Am leichtesten geht dies im Sitzen, wenn man die Leckerchenhand auf den eigenen Oberschenkel legt, um der Versuchung zu widerstehen, die Hand wegzuziehen. Bei jedem Versuch des Hundes, die Leckerchen zu nehmen, schließt man schnell wortlos die Hand und öffnet sie sofort wieder, wenn er auf Abstand geht. Reißt er sich zusammen, wird mit der anderen Hand ein Leckerchen aus der weiterhin offenen Futterhand gegriffen und der Hund belohnt. Worauf es hierbei ankommt, ist, dass man nicht durch Neinsagen das Verhalten des Hundes beeinflusst, sondern er selbst den Zusammenhang zwischen aktivem Zurücknehmen und dem Erreichen seines Ziels erkennt.

Für Fortgeschrittene kann man alternativ erst ein, später immer mehr Futterstückchen um den Hund herum auf dem Boden verteilen. Versucht er sie zu fressen, nimmt man das Futter entweder wortlos wieder weg oder schirmt es mit der Hand ab. Auch hier erscheint das Leckerchen sofort wieder, wenn der Vierbeiner sich beherrscht, und er wird mit der anderen Hand belohnt.

Hat ein Hund verstanden, dass er die besten Chancen auf sein Leckerchen hat, wenn er sich aktiv zurücknimmt, ist das eine ideale Voraussetzung, damit Futterneid in der Gruppe gar nicht erst ein Thema wird. Durch das It's-your-choice-Spiel lernt er, dass es sich weder lohnt, für Futter aufdringlich zu werden, noch sich zu beeilen, um heruntergefallene Happen vom Boden zu sammeln. Sind diese Spielregeln klar, wird zu zweit und später zu mehreren gespielt. Jeder einzelne Hund wird dabei reihum belohnt und mit Namen angesprochen, bevor er sein Leckerchen bekommt. Dies verbessert wieder das gegenseitige Namensbewusstsein der Hunde in der Gruppe, und alle lernen, brav zu warten, bis sie dran sind.

Übt man mit Futterbrocken auf dem Boden, ist es für mehrere Hunde zu Anfang leichter, mit etwas größerem Abstand in einer festen Position, zum Beispiel im Platz,

Jeder Hund sollte das It's-your-choice-Spiel erst einzeln kennenlernen, bevor es in der Gruppe gespielt wird. (Foto: Madeleine Franck)

„geparkt" zu werden. Setzt man diese Übung ein, um gezielt das Verhalten eines tendenziell futterneidischen Hundes zu verbessern, kann man diesen wieder mit einer Leine absichern, sodass er im Ernstfall keine Gelegenheit hätte, zum zweiten Hund zu gelangen.

Wie in jeder konfliktträchtigen Situation ist es im Sinne des Familienfriedens prinzipiell die Aufgabe des Menschen, für die Einhaltung der guten Umgangsformen zu sorgen. Bei aufkeimender schlechter Stimmung und erkennbaren Anzeichen für einen möglichen Streit ums Futter sollte sofort eingeschritten werden.

KEIN STRESS WEGEN KAUKNOCHEN

Was für die täglichen Fütterungen gilt, lässt sich genauso auf Kaustangen, Knochen, gefüllte Kongs® und andere Dinge übertragen, an denen die Hunde länger fressen. Jeder bekommt seinen Anteil und darf sich ungestört damit beschäftigen. Je nachdem, wie angespannt oder entspannt dies abläuft, müssen auch die Kauzeiten beaufsichtigt werden. Unsere Regel lautet: Verwaiste Kauknochen dürfen aufgesammelt werden, einem anderen Hund einen wegnehmen ist verboten. Je attraktiver der Kaugegenstand ist, desto größer ist die Gefahr, dass es zu Reibereien kommt. Wie bei Kindern im Sandkasten, wenn dem Dreijährige seine Lieblingsschaufel geklaut wird, ist ein großes Geschrei zu erwarten.

„Teilen" zu können oder ohne Gegenwehr zuzulassen, wie ein anderer Vierbeiner das eigene Futter oder die Kaustange wegfrisst, ist die hohe Kunst der Selbstkontrolle. Wie leicht oder schwer es einem einzelnen Hund fällt, dies zu lernen, hängt davon ab, wie wichtig Futter für ihn ist und wie intensiv schon an der Selbstkontrolle geübt wurde. Dabei spielen frühe Erfahrungen beim Züchter eine wichtige Rolle. Hatte jeder Welpe einen eigenen Napf und durfte ungestört fressen? Oder mussten die Kleinen sich einen großen Napf teilen, wo das Recht des Stärkeren galt? Hat ein Hund schon bei seinen ersten Fütterungen gelernt, dass Knurren und Zähnezeigen dazugehören, ist später für ein entspanntes Fressen in der Gruppe mehr Training notwendig. Jeder Einzelne sollte auf kooperative Art lernen, dass die Anwesenheit der anderen für ihn von Vorteil ist, wenn es ums Fressen geht. Sich etwas wegnehmen zu lassen kann man üben und sogar positiv färben, indem jeweils Kaustangen kurz gegeben, dann wieder zurückgenommen und an den nächsten Hund weitergereicht werden. Derjenige, der die Stange abgeben musste, hört dafür sofort sein Clickwort und bekommt eine viel höherwertige Belohnung, also einen echten Leckerbissen, als Ersatz. Dadurch lernen die Hunde, sich lieber an Mami oder Papi zu wenden, statt das Futter zu verteidigen, wenn jemand doch mal etwas klaut. Dies kann unter Umständen so manche Situation entspannen, vor allem wenn Futter, Kongs® und Kauartikel auch im Zusammentreffen mit fremden Hunden, etwa beim Training auf dem Hundeplatz, eingesetzt werden. Es sollte aber, wie schon erwähnt, nicht der Normalfall, sondern im Gegenteil verboten sein, sich innerhalb der eigenen Familie das Essen streitig zu machen.

Je größer die Selbstkontrolle in Bezug auf Futter, desto geringer die Gefahr, dass beim Füttern Stress aufkommt. (Foto: Madeleine Franck)

Spaziergänge

Gemeinsame Spaziergänge sollten im Idealfall für alle angenehm verlaufen, für die Besitzer, die Hunde und auch für diejenigen Zwei- und Vierbeiner, die man unterwegs mit seiner Gruppe trifft. Leider ist das nicht unbedingt eine Selbstverständlichkeit. Nicht selten beginnt der Stress bereits zu Hause mit dem Anleinen. Einen einzelnen Hund, der beim Anblick der Leine in Ekstase gerät, kann man vielleicht noch managen. Sind es drei oder vier, die vor Freude herumspringen und zu kläffen beginnen, kann die Stimmung leicht kippen – sowohl die eigene Stimmung, weil man sich Sorgen um die Mittagsruhe der Nachbarn machen muss, als auch die der Hunde, wenn gegenseitiges Gerempel entsteht oder einer im Übermut um sich schnappt.

Alle Rituale, die mit Erregung verbunden sind, solltest du lieber nicht dem Zufall überlassen, sondern vorbeugend selbst beeinflussen. Wie hoch dieses Risiko für deine eigene Hundegruppe ist, hängt davon ab, wie brav der Schlüsselhund sich benimmt, wie viele Hunde und welche Rassen du hältst und ob diese eher ruhig oder leicht erregbar sind. Wie schon an anderer Stelle erwähnt, wäre es eine sinnvolle Idee, das Anleinen und Losgehen zu ritualisieren, indem erst einmal alle Hunde sitzen müssen. Dafür kannst du im Eingangsbereich eine Dose mit Leckerchen deponieren, aus der für alle sichtbar die Leckerchen gegriffen werden, die es zu verdienen gibt. Wie beim Bleiben beschrieben, gibt es reihum für alle immer wieder ein Stück Futter, solange sie brav sitzen, während du die Leinen nimmst, alle nacheinander anleinst und das Warten dann schließlich auflöst. Auch hier kann bei Fehlern das Ups-Wort hilfreich sein. Hast du ein solches Ritual fest etabliert, ist später nicht jedes Mal eine Belohnung nötig, damit das gelernte Verhalten bestehen bleibt.

PRAXISÜBUNG:

Gemeinsam Anleinen

Etabliere ein Ritual zum Anleinen mit deinen Hunden, das an ein Ankündigungswort gekoppelt ist. Wir finden es sehr hilfreich, dass jeder Hund genau weiß, was „Anleinen" bedeutet. Dabei wünschen wir uns aktive Kooperation von den einzelnen Hunden, das heißt, sie sollen möglichst dicht an die Leine herankommen, sich setzen und abwarten, falls es in der Gruppe mal wieder länger dauert. Das erreichst du, indem du mit Clicks und tollen Belohnungen die einzelnen Schritte dieser Übung positiv verknüpfst. Übe zuerst das Greifen (ohne und mit Leine in der Hand) nach dem Hund, bis er sich schon beim Ankündigungswort zu deiner Hand hinbewegt. Bereits bei dieser Bewegung haben manche Hunde nämlich ein Problem, also eine negative Erwartungshaltung. Erst wenn du diese mit der entsprechenden Belohnungsmenge aufgelöst hast, kommt das Einklicken und wieder Ausklicken des Leinenhakens. Findet dein Hund das immer noch prima, kannst du ihn zum Sitzen auffordern, bevor du die Leine einklickst.

Belohne beim Üben mit zwei oder mehr Hunden zuerst alle reihum fürs Annähern und Hinsetzen, bevor du anleinst, weiter belohnst und wieder ableinst. Wiederhole dieses Ritual immer mal wieder auf dem Spaziergang, ohne dass es tatsächlich einen Grund zum Anleinen gibt.

Übrigens: Wenn du deine Hunde mit dem Abrufwort aus dem Freilauf rufst und anleinen möchtest, haben sie schon fürs Herkommen eine Belohnung verdient. Dann erst solltest du dein Ankündigungswort fürs Anleinen sagen und das Bei-dir-Einparken erneut belohnen. ■

ORGANISATION DES SPAZIERGANGS

Jeder Spaziergang ist die perfekte Gelegenheit, um zwischendurch an Gelassenheit und Umweltgewöhnungen, aber auch an den einzelnen Übungen wie Bleiben, Abrufen, Unterlassungswort, Leinenführigkeit, Spielkontrolle und so weiter zu trainieren. Du kannst zum Beispiel abwechselnd mit einem der Hunde üben, während die anderen „Freizeit" haben und schnüffelnd ihrer Wege gehen

Kurzes Bleib fürs Foto, danach dürfen Smuk und Suki den Spaziergang wieder genießen. (Foto: Madeleine Franck)

dürfen. Zusätzlich kann man all das in der Gruppe belohnen oder gezielt Übungen zur Selbstkontrolle dazwischenschieben, etwa indem man alle Hunde ablegt und einen nach dem anderen abruft. Selbstverständlich muss sich dabei das Bleiben ebenso sehr lohnen wie das Herkommen.

Auch wenn bei mehr Hunden automatisch mehr Trainingsbedarf entsteht, sollte die Erfüllung der Hundebedürfnisse während des Spaziergangs im Vordergrund stehen. Idealerweise ist mit dir eine Übung zu machen eher Quality-Time, also eine Bereicherung für jeden Hund. Trotzdem dürfen auch ausgiebiges Schnüffeln und Erkunden, wildes Herumrennen oder entspanntes Daddeln, dazwischen ein bisschen Futterbeutel- oder andere Suchspiele, nicht zu kurz kommen.

Damit die Spaziergänge in der Gruppe entspannt verlaufen, solltest du dir genau über die Stärken und Schwächen deiner Hunde und über die Zuverlässigkeit deiner Hörzeichen im Klaren sein. Wenn du weißt, dass einer in der Gruppe jagdlich interessiert ist, kann schon die Auswahl der Strecke entscheidend sein. Erspar dir die Herausforderung von wildreichem oder unübersichtlichem Gelände, wenn du selbst nicht gut drauf bist oder beispielsweise durch nette Begleitung beim Spaziergang weniger auf die Hunde fokussiert bist. Führe immer abwechselnd einen der Hunde an der Schleppleine, sodass du nicht alle Hunde gleichzeitig im Freilauf im Auge behalten musst. Mach gleich zu Anfang des Freilaufs Futterrennspiele wie Futterjagd für alle, wenn du merkst, dass das Bewegungsbedürfnis in der Gruppe besonders groß ist. Oder starte mit ruhigen Leckerli-Suchspielen, wenn aus irgendeinem Grund die Erregung einen Dämpfer braucht. Leine frühzeitig vor nicht einsehbaren Ecken und Kreuzungen an, wenn deine Hunde nicht zuverlässig frei neben dir laufen können. Oder lass die Leine einfach gleich dran, wenn Abrufen und Herkommen in der Gruppe noch nicht zuverlässig klappen.

GEMEINSAM AN DER LEINE

Je größer die Hunde und je größer die Gruppe, desto wichtiger wird braves gemeinsames Leinegehen. Welpen und Junghunde sind damit oft überfordert, daher sollten sie idealerweise einzeln ausgeführt werden oder man braucht zumindest eine gute Kompromisslösung. (Unabhängig von der Leinenführigkeit sprechen viele andere gute Gründe dafür, so oft wie möglich allein mit dem Welpen loszuziehen.) Generell empfehlen wir, einen Welpen an zwei Arten der Leinenführung zu gewöhnen, was auch in der Gruppe hilfreich ist: Nur wenn man Zeit und Lust hat, konkret an der Leinenführigkeit zu üben und intensiv zu belohnen, wird eine kürzere Leine überhaupt am Halsband eingehakt. Für die anderen Zeiten wird er am Brustgeschirr und mit extralanger Leine geführt. So hat er mehr Spielraum und das unterschiedliche Körpergefühl hilft dabei, dass nicht jedes Mal die Trainingsbemühungen zunichtegemacht werden, wenn man keine Zeit dafür hat, jeden Schritt zu clicken und zu belohnen. Auch wenn du dauerhaft ein Brustgeschirr verwenden möchtest, ist das Üben am Halsband eine gute Zwischenlösung. Sobald der

Hund das Prinzip verstanden hat, kannst du das Laufen an lockerer, kurzer Leine aufs Geschirr übertragen.

Eine zweite Person als Begleitung macht den Übergang vom Einzeltraining zum Training in der Gruppe leichter, denn diese kann entweder den Neuling betreuen oder die anderen braven Hunde übernehmen, sodass du selbst die Hände frei hast.

Auch der vorübergehende Einsatz eines Kopfhalfters kann sinnvoll sein. Wir empfehlen aus verschiedenen Gründen zu diesem Zweck speziell den Gentle Leader®, der unter anderem den Vorteil hat, dass man ihn mit nur einer Leine benutzt. Wenn man sowieso schon drei Leinen in der Hand hält, ist das Handling mit einem Kopfhalfter und einer Zweitleine am Geschirr nämlich nicht unbedingt eine Erleichterung. Je nach Gesamtgewicht der Hunde im Verhältnis zum Gegengewicht des Menschen kann ein (oder mehrere) Kopfhalfter auch dauerhaft eine Sicherheitsmaßnahme sein, um die Hunde im Notfall tatsächlich halten zu können. Lass dir den Umgang mit dem Kopfhalfter unbedingt von einem erfahrenen Trainer zeigen.

Unabhängig von der generellen Leinenführigkeit empfehlen wir, den Hunden jeweils ein Hörzeichen für informelles Bei-Fuß-Laufen auf der linken und auf der rechten Seite

Je mehr Hunde, desto wichtiger wird eine gute Leinenführigkeit. (Foto: Madeleine Franck)

Unrealistische Erwartungen

Ein Welpe ist in der Regel nicht in der Lage, bei einem gemeinsamen Familienausflug an lockerer Leine zu laufen, wenn der Ersthund frei seiner Wege gehen darf, munter an ihm vorbeitrabt und womöglich noch Kinder hin und her rennen. Wenn du also nicht gerade ein Trainingsprofi bist und bereits intensives und effektives Training in die Leinenführigkeit gesteckt hast, solltest du deine Erwartungen überprüfen. Dir muss klar sein, dass eine solche Situation gleich mehrere Herausforderungen für den Welpen beinhaltet, und die Leine locker zu halten nur eine davon ist. Viel schwerer ist es, die Bewegungsreize der anderen Zwei- und Vierbeiner auszublenden und sich zusammenzureißen, statt dem Impuls nachzugeben, einfach hinterherzurennen. Selbst wenn du dich intensiv und mit vielen, sehr hochfrequent verteilten Clicks und Belohnungen um deinen Welpen kümmerst, solltest du nicht erwarten, dass er die Leinenführigkeit länger als wenige Minuten umsetzt. Selbstkontrolle erschöpft sich, Konzentrationsfähigkeit ist begrenzt, weshalb du nach einer erfolgreichen kurzen Übung schnell wieder auf Schleppleine und Bewegungsfreiheit umsteigen solltest.

beizubringen. Hat man nur zwei Hunde, bietet es sich im Alltag oft an, einen links und einen rechts laufen zu lassen, sodass sie meistens schnell eine Lieblingsseite entwickeln. Je nach Verkehrssituation ist es aber manchmal sicherer, alle rechts oder alle links zu führen, wofür wir die Hörzeichen „Bei mir" und „Geh da" verwenden. Auch hier gibt es wieder Clicks und Belohnungen, solange die Hunde in der richtigen Position laufen, und die Übung wird mit dem Auflösungswort beendet, sodass ganz klar ist, wann die Hunde die Seite verlassen dürfen.

Mit vielen Hunden an der Leine ist auch das Ableinen ein Moment, in dem leicht durch ritualisierte Erregungszustände Verhaltenschaos entstehen kann. Besser ist es da, von vornherein vorzubeugen und nicht alle Hunde gleichzeitig abzuleinen, sondern lieber erst den einen, zehn Meter weiter den nächsten und so weiter. Alternativ kann man die Erwartungshaltung der Hunde auch verändern, indem man einfach immer eine Handvoll Futter wirft und die Vierbeiner nach dem Ableinen zuerst zum Schnüffeln schickt.

BEGEGNUNGEN MANAGEN

Für Begegnungen mit anderen Hundehaltern, Spaziergängern, Joggern oder Radfahrern gebietet es generell die Höflichkeit, seine eigenen Vierbeiner anzuleinen, egal wie brav sie vielleicht sind. Unter Reitern gibt es für

Ein einfaches Ritual, um beim Ableinen die Dynamik auszubremsen, ist es, ein paar Leckerchen zum Suchen auf den Boden zu werfen. (Foto: Madeleine Franck)

Statt gemeinsam loszurennen, sind so erst mal alle mit ruhigem Schnüffeln beschäftigt. (Foto: Madeleine Franck)

das Verhalten in Wald und Flur den Leitspruch: „Schaffe dem Reitsport Freunde, nicht Feinde!" Dem Ruf der Hundehalter könnte dieses Motto ebenfalls nützlich sein, und für Mehrhundebesitzer ist es von besonderer Bedeutung. Wenn schon ein einzelner Hund einen Jogger in Angst und Schrecken versetzen kann, wie beängstigend muss es dann sein, gleich einem ganzen Haufen unangeleinter Vierbeiner entgegenzukommen?

Begegnungsmanagement beinhaltet gewisse Fertigkeiten an beiden Enden der Leine: Der Mensch muss vorausschauend unterwegs sein und sollte sich am besten ein Ritual angewöhnen, mit dem er die Hundegruppe unkompliziert aus dem Weg managt, wenn zum Beispiel eine Gruppe Radfahrer vorbeiwill oder ein unverträglicher Vierbeiner naht. Für die Hunde ist es deutlich leichter, nicht auf dumme Gedanken zu kommen, wenn sie einen klaren Auftrag haben. Besser als einfach nur vorbeizugehen, wäre es also, sie, wie zuvor beschrieben, „Bei mir" oder „Geh da" laufen zu lassen oder sie etwas abseits vom Weg im Sitz oder Platz zu „parken". Jede Begegnungssituation ist eine neue Gelegenheit, das brave Verhalten der eigenen Hunde weiter zu festigen, indem sie beclickt, gelobt und belohnt werden. Es ist immer sinnvoll, bei solchen Begegnungen viel mit Futter zu belohnen, um Aufregung vorzubeugen oder akut zu dämpfen.

Die Terrier Kathy und Rudi lernen unter Trainingsbedingungen KissMe und Funny kennen. (Foto: Madeleine Franck)

Was macht man nun, wenn einem ein unangeleinter „Der-tut-nix!" entgegenkommt, während man selbst das Leinengewirr einer ganzen Gruppe managen muss? Wir schicken in solchen Fällen immer den jeweils unkompliziertesten unserer Hunde sozusagen mit der weißen Fahne voraus. Es ist eine sehr praktische Lösung, einen der Vierbeiner vorzuschicken, der den entgegenkommenden Hund ablenkt und bei Laune hält, bis dessen Frauchen oder Herrchen eintrifft. So gibt es keinen Stress, weil alle gleichzeitig Hallo sagen wollen. Ist keiner der eigenen Hunde geeignet, um den Vorläufer zu spielen, könnte man alternativ dem fremden Hund eine Handvoll Leckerchen entgegenwerfen, damit er sich erst einmal eine Zeit lang mit Schnüffeln und Fressen beschäftigt und dabei hoffentlich von seinem Menschen angeleint werden kann.

BEGEGNUNGSSTRATEGIEN ÜBEN

Es ist eine gute Idee, erst einmal mit Freunden zu testen, welche Begegnungsstrategie am besten funktioniert, wenn ein neuer Hund dazukommt. Funktioniert es besser, alle Hunde am Wegesrand Sitz machen zu lassen? Oder gehen sie brav vorbei? Wie reagieren sie beim Begrüßen eines anderen Vierbeiners? Regelmäßiges Training solcher Situationen ist nicht nur gut für die Hunde,

Regelmäßige arrangierte Treffen bieten beste Voraussetzungen für entspannte Begegnungen – dann klappt's auch mit dem Gruppenfoto. (Foto: Madeleine Franck)

sondern hilft auch dem Besitzer dabei, Routine im Handling zu bekommen. Besonders wenn vielleicht einer der eigenen Hunde Schwierigkeiten mit Begegnungen hat, ist es nützlich zu wissen, dass die Hunde von Freunden gelassen und freundlich reagieren werden.

Verlaufen Hundebegegnungen stressig, weil sich die eigenen Vierbeiner leicht echauffieren, zu kläffen anfangen, an der Leine ziehen oder kaum noch ansprechbar sind, sollte als Erstes analysiert werden, von welchem Hund das Problem eigentlich ausgeht. Wer fängt an, und machen die anderen vielleicht einfach nur mit? In solchen Situationen kann die Gruppendynamik recht schnell zu Chaos führen. Damit dieser Effekt möglichst keine langfristigen Lernfolgen bei den Vierbeinern hinterlässt, sollte man vorübergehend mit dem Anstifter allein losziehen und dabei zum Beispiel mittels der im Kapitel „Ein neues Familienmitglied gut integrieren" beschriebenen Click-für-Blick-Technik trainieren. Wir empfehlen, zusätzlich mit dem Gentle Leader® zu arbeiten, besonders wenn man dann wieder gemeinsam in der Gruppe spazieren geht, um das unerwünschte Verhalten ausbremsen zu können. Schau dir auch das Wohlfühlbudget deines Hundes einmal genau an – gibt es vielleicht dort eine Schieflage, die du zuerst angehen solltest? Vielleicht ist es auch an der Zeit, dir die Unterstützung eines kompetenten Trainers zu suchen.

Ruhezeiten, Schmuse- und Spieleinheiten

Nur ein müder Hund ist ein braver Hund – aber mit einem übermüdeten wird es dann auch wieder schwierig. War der Spaziergang schön und erlebnisreich, sollte zu Hause erst einmal eine Ruhephase anstehen. Dazu sollten ausreichend Schlafplätze, und zwar besser mehr davon als Hunde vorhanden sein. Die Hunde sollten wissen, dass schon belegte Plätze tabu sind, abgesehen von der Ausnahme, dass zwei Hunde zusammenliegen möchten. Ob man das Schlafen auf dem Sofa oder im eigenen Bett erlaubt, bleibt jedem Zweibeiner selbst überlassen. Gut wäre nur, von Anfang an auch das Runtergehen vom Sofa auf ein Signal hin zu üben, damit es später nicht zu Missverständnissen kommt.

Viele Hundebesitzer wissen gar nicht, dass 18 bis 20 Stunden Schlaf völlig normal und auch nötig sind. Gerade junge Hunde und Neulinge in der Gruppe müssen den Schlafrhythmus im neuen Zuhause erst lernen. Generell besteht die Gefahr, dass in einer Hundegruppe einer oder mehrere nicht genügend Schlaf bekommen, weshalb man die Schlafroutinen – wie schon an anderer Stelle erwähnt – gut im Auge behalten sollte und gegebenenfalls lenkend eingreifen muss. Vielleicht ist es nötig, einen „Schlafstörer“ auch nach der Eingewöhnung noch für ein paar Stunden am Tag von den anderen zu trennen. Der Laufstall aus Welpengittern kann eine längerfristige Managementmaßnahme sein, die ein aktiver Hund eventuell monatelang braucht, damit er lernt, zur Ruhe zu kommen.

Vielleicht liegt die Ursache von Schlafproblemen aber auch woanders: Überprüfe den Ort, an dem die Körbchen stehen – ist dort „Durchgangsverkehr“? Körbchen in einem Flur aufzustellen, der ständig von wechselnden Familienmitgliedern frequentiert wird, ist keine gute Idee. Vielleicht stehen die Liegeplätze der Hunde auch einfach zu dicht zusammen. Was platzsparend sinnvoll ist, kann für einzelne Hunde Stress bedeuten. Idealerweise gibt es verschiedene Rückzugsmöglichkeiten für verschiedene Schlafbedürfnisse. Dann können die Hunde wählen, ob sie lieber gemeinsam im Wohnzimmer liegen, mit ihrem Menschen im Homeoffice abhängen oder sich für Tiefschlafphasen lieber in ihrem Körbchen im Schlafzimmer zurückziehen.

SCHLAF, KUSCHELN UND ENTSPANNUNG

Bekommen die Hunde (oder ein Einzelner) tagsüber keine Tiefschlafphasen, kann das ein Anzeichen für ein insgesamt zu hohes Erregungslevel in der Gruppe sein. Hier läuft oft ein Teufelskreis: Schlafen die Hunde zu wenig, führt das zu leichterer Erregbarkeit und ständiger Aktivierung, was wiederum das Entspannen, Runterkommen und Einschlafen erschwert. In diesem Fall hilft oft eine gemeinsame Ursachensuche mit einem guten Trainer. Vielleicht fehlt den Hunden körperliche Auslastung und ein Ventil für ihre Erregungsbereitschaft, vielleicht ist aber auch genau das Gegenteil der Fall und sie bekommen zu viel davon. Eventuell liegt unterschwellig Stress in der Luft oder es gibt sogar gesundheitliche Gründe.

Schlaf- und Ruhezeiten sind wichtig fürs allgemeine Wohlbefinden, genauso wie regelmäßige Schmusestunden. Dabei ist das Schmusen mit dem Menschen für einzelne Hunde von unterschiedlich großer Bedeutung. Oft ist der Ersthund verschmuster, weil er anfangs keine anderen Hunde zu seinem Vergnügen hatte. Hast du einen besonders kuschelbedürftigen Vierbeiner, solltest du dem Rechnung tragen und sein Bedürfnis nach Schmusen befriedigen, ohne ihn dabei mit den anderen zu vergleichen und immer für Ausgewogenheit sorgen zu wollen.

Da beim Kuscheln Botenstoffe ausgeschüttet werden, die entspannungs- und bindungsfördernd sind, lohnt es sich, auch mit einem wenig schmusigen Hund daran zu üben. Vor allem junge Hunde haben oft „keine Zeit" beziehungsweise nicht die Ruhe, sich auf längeres Durchkraulen einzulassen, weil es in der Gruppe immer auch was anderes zu tun gibt. Da sich bei jungen Hunden Vorlieben und Bedürfnisse erst entwickeln, sollte man unbedingt darauf Einfluss nehmen. So mancher Welpe muss anfangs „zwangsgekuschelt" werden, bis er gelernt hat, das Schmusen zu genießen.

Prinzipiell hat jeder Hund ein Recht auf Schmusen mit Mami und Papi und darf es den anderen nicht streitig machen. Wenn sich ein Hund aufdrängt, während man einen anderen streichelt, wird er gern mitgestreichelt, sofern noch eine Hand frei ist. Er darf sich aber nicht dazwischendrängen, und ist keine Hand frei, muss er eben kurz warten, bis reihum gestreichelt wird. Oft wird ein solches Verhalten als Eifersucht gedeutet, während der betreffende Hund eigentlich nur sagen will, dass er auch gern schmusen möchte.

Nicht nur die Dominanzbrille kann hier leicht zu Missverständnissen führen, auch andere gedankliche Konzepte wie „Ressourcenverteidigung" führen manchmal zu falschen Einschätzungen. Dem Hund bestimmte Absichten zu unterstellen ist letztlich immer spekulativ, und leider fällt die Inter-

Ella und KissMe genießen die Streicheleinheiten, auch wenn sie die Aufmerksamkeit teilen müssen. (Foto: Madeleine Franck)

pretation des Hundeverhaltens traditionell zu seinen Ungunsten aus. Im Internet kann man Videos finden, die Mehrhundebesitzer für eben diese Situation darin anleiten, den dazukommenden Hund harsch wegzuschicken. Nur der Mensch dürfe entscheiden, welcher Hund wann Nähe bekomme, damit die Hunde den Menschen nicht als Ressource beanspruchen. Wir empfinden grundsätzlich die Erziehung über sogenannte Nähe-Distanz-Konzepte und das körperlich bedrohende Wegschicken als einen unfairen Vertrauensbruch. Es vermittelt dem Hund das genaue Gegenteil der Beziehungsbotschaft, die uns wichtig ist, nämlich dass er immer zu seinem Menschen als sichere Anlaufstelle kommen kann.

Selbstverständlich kann man Hunden auch mal sagen „Bitte nicht stören" beziehungsweise „Jetzt passt es gerade nicht" und sie wegschicken – das aber bitte mit einem zuvor positiv geübten Signal wie „Geh auf deinen Platz". Speziell für die Situation des Aufdrängens beim Kuscheln würden wir viel eher raten, das gemeinsame Kuscheln gezielt zu üben und damit gleichzeitig die gute Beziehung unter den Hunden zu stärken.

PRAXISÜBUNG:

Gemeinsam kuscheln

Idealerweise entsteht zwischen den Hunden in einem Haushalt mit der Zeit eine echte Freundschaft. Zu einer solchen gehört es, körperliche Nähe zu genießen und nicht als unangenehm oder gar bedrohlich zu empfinden. Das lässt sich zumindest mit zwei Hunden gleichzeitig gut trainieren. Hol dazu die beiden Hunde zu dir auf den Teppich, das Sofa oder wahlweise aufs Hunde- oder Menschenbett, um beide gleichzeitig mit jeweils einer Hand intensiv zu beschmusen. Wenn nötig, starte mit Abstand zwischen den beiden und sorge dann bei jeder Wiederholung dafür, dass sie näher zusammenkommen. Ziel ist es, dass sie auch untereinander Körperkontakt beim Kuscheln haben. Kennen alle Hunde das Kuscheln in der Zweierkonstellation, kannst du natürlich auch mit drei, vier oder fünf gemeinsam kuscheln. Dabei lernen sie, dass es eben zwischendurch zu kleinen Wartezeiten kommt, bis wieder eine Hand für sie zum Streicheln frei ist. ■

KRITISCH BEOBACHTEN

Stimmen die Voraussetzungen, entwickelt sich zwischen vielen Hunden ganz von selbst eine innige Beziehung. Bindung unter Säugetieren entsteht vor allem durch Nähe, Körperkontakt und durch gemeinsames Spiel. Es ist einfach schön zu beobachten, wenn zum Beispiel gegenseitig die Ohren geleckt werden oder die Vierbeiner zusammen im Körbchen kuscheln. Gerade wenn eine Beziehung noch im Entstehen ist, sollte der Besitzer die Hunde jedoch genau beobachten und einschätzen, ob wirklich beide die Nähe möchten. Vielleicht sucht der Welpe Anlehnung und der Ersthund gestattet es nur, weil er sein Körbchen nicht aufgeben will. In einem solchen Fall wäre es besser, den jungen Hund davon abzuhalten, dem erwachsenen hinterherzusteigen, damit nicht unterschwellige Konflikte entstehen, die dann bei nichtigen Anlässen ausbrechen.

Beim Spielen gibt es ähnliche Zusammenhänge wie beim Schmusen. Auch hier sollte man gut beobachten, ob wirklich beide beziehungsweise alle beteiligten Hunde Spaß daran haben. Immer wieder mit unerwünschten Spielaufforderungen genervt zu werden kann ebenfalls zu Konflikten führen. Spielen die Vierbeiner gern miteinander, sollte auf den Umgang im Spiel geachtet werden.

SPIELKOMPETENZ FÖRDERN

Dass Hunde nett miteinander spielen können, ist nicht selbstverständlich. Sie müssen einerseits Gelegenheit haben, viele positive Begegnungs- und Spielerfahrungen mit verschiedenen Hunden auch außerhalb der eigenen Hundegruppe zu sammeln. Andererseits sollten sie jedoch keine feste Spielerwartung mit Hundebegegnungen verknüpfen, da dies leicht zu erhöhter Erregung, Frustration und daraus resultierendem ungünstigem Verhalten führt, wenn keine Kontaktaufnahme gewollt ist.

Damit die Rahmenbedingungen für ein nettes Spiel stimmen, brauchen Hunde Zeit zum gegenseitigen Kennenlernen. Ein gemeinsamer Spaziergang zu zweit ist ideal dafür und sollte genügend Ablenkungsmöglichkeiten bieten. Schüchterne Hunde können schon mal unauffällig dem anderen hinterherschnüffeln, was man zusätzlich mit Clickwort, Lob und Belohnungen verstärken kann. Stürmische Hunde haben die Gelegen-

Gut organisierte, nette Spielkontakte mit unterschiedlichen Hundetypen vergrößern die Spielkompetenz. (Foto: Madeleine Franck)

heit, die erste Erregung über Bewegung abzubauen. Click-für-Blick mit zum Suchen ausgeworfenen Futterbelohnungen unterstützt das „Runterkommen". Erst wenn die Vertrauensbasis geschaffen ist und sich beide wohlfühlen, wird abgeleint.

DAS SPIEL BEEINFLUSSEN

Großen Anteil beim Aufbau von Spielkompetenz haben das Verhindern von schlechten Erfahrungen und das Schaffen von optimalen Bedingungen. Damit ist auch gemeint, dass man seinen Welpen nur mit solchen Hunden spielen lässt, die gute Vorbilder für nettes Spiel sind. Junge Hunde imitieren das Spielverhalten ihres Gegenübers und passen sich an. Haben sie feste Spielfreunde oder Spielkontakte nur innerhalb der eigenen Hundegruppe, können dabei leicht bestimmte Gewohnheiten entstehen, die dann im Kontakt mit anderen Hunden zu Problemen führen. So kommen auch rassetypische Spielvorlieben bei Hunden anderer Rassen nicht immer gut an: Der lautstark knurrende Jack Russell verschreckt mögliche Spielpartner, der Labrador macht sich mit Rempeln unbeliebt und das Anschleichen des Border Collies wird leicht als Provokation statt Spiel verstanden.

Kennen sich zwei Hunde gut und stimmt die Vertrauensbasis, sehen sie auch mal über „nerviges" Verhalten des anderen hinweg. Als Besitzer solltest du jedoch bestimmte Verhaltensweisen fördern und andere unterbinden. Schaffen es die Hunde beispielsweise nicht von allein, Spielpausen einzulegen und sich zu entspannen, solltest du ihnen genau dabei helfen. Die einzelnen Spielsequenzen sollten immer nur kurz sein, danach können beide mit ausgestreuten Leckerchen in verschiedene Richtungen abgelenkt oder ins Platz gelegt werden, bevor sie weiterspielen dürfen. Versucht ein Hund aufzureiten, wird zu körperlich oder fühlt einer der Hunde sich bedrängt und zeigt Stressanzeichen, sollte das Spiel ebenfalls durch den Menschen unterbrochen werden. Vielleicht ist die Erregung zu hoch und die Hunde brauchen eine längere Pause. Vielleicht passt das Spielverhalten aber auch nicht zusammen. Gerade wenn ein Hund bereits gelernt hat, sehr körperbetont oder in hoher Erregung zu spielen, wird es meist schwierig. Je höher die Erregung, desto gröber wird das Spiel und desto eher überreagiert einer der Hunde, weil seine Signale nicht beachtet werden.

Besonders für große Hunde und Vertreter leicht erregbarer Rassen ist es wichtig, dass sie lernen, (auch) im Liegen zu spielen. Wenn sie auf diese Idee nicht von allein kommen, kann man sie entweder in Spielpausen immer wieder dazu auffordern oder – je nach Situation und Spielpartner – Kontakte sogar nur im Liegen und mit Leine abgesichert zulassen. Man kann den Hund zusätzlich mit ruhigem verbalem Lob beeinflussen und nettes Spielverhalten durch Clicken verstärken.

Ein konditioniertes Entspannungssignal kann auch beim Spielen eingesetzt werden. Das Ziel sollte jedoch immer sein, es gar nicht zu brauchen. Gestaltet man Spielkontakte beim gemeinsamen Spaziergang, lernen Hunde ganz nebenbei, dass sich Action mit anderen Programmpunkten abwechselt.

Die sieben Kilogramm schwere Funny kann unbeschwert den 30 Kilogramm schweren Hugo zum Spielen auffordern, weil der durch anfänglich abgesicherte Kontakte gelernt hat, ohne Körperkontakt mit kleinen Hunden zu spielen. (Foto: Madeleine Franck)

SPIELEN UND BINDUNG

Spielen verstärkt wie Schmusen die Bindungsintensität. Wie bereits beim Zweiter-Hund-Syndrom beschrieben, besteht dabei immer das Risiko, dass sich ein neuer oder junger Hund stärker an seinen besten Spielkumpel bindet als an seinen Menschen. Schau nicht dabei zu, wie das passiert, sondern trainiere proaktiv: Beide Hunde sollten während des Spiels jederzeit ansprechbar und abrufbar sein. Um mit dem vierbeinigen Freund konkurrieren zu können, ist es für den Besitzer wichtig, selbst viel und actionreich mit seinem Hund zu spielen. Gemeinsame Zerrspiele stärken die Bindung zwischen Mensch und Hund und sind eine gute Möglichkeit, das Einhalten von Spielregeln und den „klaren Kopf" des Hundes auch in höheren Erregungszuständen zu trainieren. Außerdem sollte ein junger Hund von Anfang an lernen, in jeder Situation Futter anzunehmen. So kann man später je nach Bedarf die Vorteile verschiedener Belohnungen nutzen und das Futter ganz gezielt einsetzen, um Entspannung in Spielpausen zu fördern.

SPIELKONTROLLE

Aus unserer Sicht ist es unabdingbar, dass auch der Mensch zum guten Spielpartner für jeden Hund wird. Toben die Hunde zu viel miteinander, sind ihre Spielbedürfnisse vielleicht dadurch schon so weit erfüllt, dass der Mensch schlechte Karten beim Spieltraining hat. Die gemeinsamen Spieleinheiten können jedoch Qualitätszeiten sein, in denen jeder Hund seinen Menschen und dessen Aufmerksamkeit ganz für sich allein hat. Die positiven Gefühle dabei sind gut für Wohlbefinden und Selbstbewusstsein. Andererseits kann man mit dem richtigen Spieltraining das Spielverlangen und -vermögen der einzelnen Hunde verbessern, um ein Zerrspiel dann auch als Belohnung einsetzen zu können. Spielen befriedigt andere Bedürfniskreise als Futterbelohnung, weshalb es sich auch optimal als Jackpot beim Abrufen eignet.

Spieltraining in der Gruppe schult beispielhaft die Selbstkontrolle für andere Situationen, in denen es hoch hergeht. (Foto: Madeleine Franck)

Wer gewinnt das Spiel?

Noch immer hält sich bei vielen Hundebesitzern hartnäckig die Einschätzung, der Mensch solle das Spiel immer „gewinnen" oder die Kontrolle über das Spielzeug behalten, um seine Führungsrolle zu demonstrieren. In eine ähnliche Richtung gehen Empfehlungen, nach denen immer der Mensch das Spiel beginnen soll und Spielaufforderungen des Hundes ignoriert werden. Andererseits empfehlen Anhänger der Triebtheorie, dem Hund auch mal „die Beute" (also das Spielzeug) zu überlassen, um seine Spielmotivation zu fördern. Glaubt man der (wissenschaftlich überholten) Triebtheorie, ist die Erfüllung des Beutetriebs schließlich das Ziel des Spiels. Bitte vergiss all diese Theorien. Beim gemeinsamen Spielen geht es nicht ums „Gewinnen", sondern darum, das Spiel am Laufen zu halten. Schon Welpen probieren im Spiel aus, wie sie miteinander umgehen können und müssen, um möglichst gut zu harmonieren. Denn tut man etwas Falsches, spielt der andere vielleicht nicht mehr mit. Lässt du also im Spiel das Spielzeug los und gehst ein paar Schritte zurück, sollte dein Hund im Idealfall sofort folgen, damit du wieder nach dem Spielzeug greifen kannst. Wenn du dann mit ihm weiterspielst, förderst du seine Eigeninitiative und festigst langfristig sein Bestreben, das Spielzeug immer zu dir zu bringen.

Ganz allgemein haben Spieltraining und Spielkontrolle eine wichtige Rolle bei der Prävention von unerwünschten Verhaltensweisen, die mit Erregungszuständen einhergehen. Die Hunde erlernen dabei ein Hobby, um auf erwünschte Art Dampf abzulassen, und gleichzeitig wird die Selbstkontrolle in Situationen geschult, die mit Erregung verbunden sind.

Spielkontrolle sollte mit jedem Hund einzeln geübt werden, bevor man in der Gruppe spielt. Dabei werden die entscheidenden Regeln vermittelt: In das Spielzeug beißen ist nur auf verbale Aufforderung mit einem Spielwort erlaubt, bei uns heißt das „Putz es". Die Bewegung des Spielzeugs ist keine Spielaufforderung – einen Spielzeugjunkie sollte man anfangs mit der Hand im Geschirr festhalten, um zu verhindern, dass er frühzeitig rankommt. Er muss lernen, sich erst zusammenzureißen, bevor der Mensch das Spielwort sagt. Einen weniger spielbegeisterten Hund sollte man dagegen gerade durch die Bewegung des Spielzeugs, durch angetäuschtes Werfen oder das Befestigen an einer Reizangel, zum Reinschnappen animieren. Starte eine wilde Jagd, lass dabei das Spielzeug Haken schlagen und vorm Hund weghopsen. Ideal ist es, wenn er es dann schnappt, festhält und du mit ihm zerren kannst. Spielleidenschaft geht vor Kontrolle – darum kann man sich dann kümmern, wenn der Hund Spaß am gemeinsamen Zerren gefunden hat.

Weitere Spielregeln besagen, dass nur ins Spielzeug und nicht in die Haut des Menschen gebissen werden darf und dass sofort losgelassen werden muss, wenn Mensch das Hörzeichen für „Aus" sagt.

Diese Spielkontrollübung kann man dann erst mit zwei, später mit allen Hunden gemeinsam trainieren. Für die Hunde ist es anfangs leichter, sich zu beherrschen, wenn sie zum Beispiel alle Platz machen müssen, während ein anderer spielen darf. Mit Fortschritt des Trainings sollte es auch ohne feste Position klar sein, dass nur derjenige reihum dran ist, dessen Namen vor dem Spielwort genannt wurde. Alle anderen sollten brav zuschauen und abwarten, was du zusätzlich durch Futterbelohnungen verstärken kannst.

POSITIVE NEBENWIRKUNGEN

Der Kontrollaspekt beim Spielen lässt sich beliebig erweitern und erschweren. Du kannst trainieren, dass alle Hunde bleiben müssen, während du einen Ball wirfst, und dann nur einer aus der Gruppe aufstehen und hinterherrennen darf. All dies führt dazu, dass die einzelnen Hunde auch in Alltagssituationen leichter kontrollierbar sind, weil sie sich selbst besser unter Kontrolle haben.

Spielen stärkt nicht nur Selbstkontrolle und Bindung, sondern erhöht auch die allgemeine Aufmerksamkeit jedes einzelnen Hundes auf den Menschen. Er verknüpft Stimme und Anblick des Menschen damit, dass etwas Spannendes passiert, und wird sich deshalb auch in allen anderen Situationen mehr an ihm orientieren.

FUTTERSPIELE

Wenn ein erwachsener Hund nie gelernt hat, mit seinem Menschen zu spielen, ist es manchmal recht mühsam und langwierig, ihn dafür zu begeistern. Warum sich das (Zerr-)Spieltraining trotzdem lohnt, haben wir beschrieben. Zusätzlich können jedoch Futterspiele speziell für solche Hunde eine tolle Action-Beschäftigung sowie Belohnung sein. In deiner Hundegruppe kannst du – vorausgesetzt keiner deiner Hunde ist futterneidisch – Futterspiele ähnlich wie Zerrspiele im Rahmen von Selbstkontrollübungen spielen.

PRAXISÜBUNG:

Futterjagd

Für dieses Spiel brauchst du große, deutlich sichtbare Futterstücke, beispielsweise große Käsestücke oder Tortellini. Am besten übst du mit jedem Hund die Futterjagd zuerst einzeln auf einem breiten Waldweg oder einem anderen rutschfesten Untergrund ohne Gras. Nimm vier bis fünf der Leckerchen auf Vorrat in die linke Hand und eins in die rechte. Halte deinen Hund nun mit der linken Hand fest, zeige ihm das Leckerchen in der rechten und wirf es in gerader Linie ein paar Meter weit vor dich (auf 12-Uhr-Position, wenn du dich in der Mitte eines Ziffernblattes befinden würdest). Schicke den Hund mit einer verbalen Aufforderung wie „Schapp's dir!" los zum Leckerchen, das er auch aus der Entfernung gut sehen können sollte. Wenn der Hund auf dem Weg zum Futter ist, sortierst du dich neu: Nimm ein weiteres Leckerchen in deine rechte Hand und dreh dich um 180 Grad. Sobald der Hund das erste Leckerchen gefressen hat und aufblickt, wirf das zweite geradeaus vor dich (auf 6-Uhr-Position) und feure ihn mit „Schnapp's dir" an, dem Futter hinterherzujagen. Während er das tut, drehst du dich wieder um, das nächste Futter fliegt auf 12 Uhr, dann wieder eins auf 6 Uhr usw.

Es wird bestimmt ein paar Wiederholungen brauchen, bis jeder deiner Hunde das Spiel verstanden hat. Genau wie beim Spieltraining lohnt es sich auch hierbei, dranzubleiben und den Ablauf immer wieder zu üben. Mit Übung wird die Futterjagd zum echten Highlight für deine Hunde.

Sobald der Spielablauf klar ist, kann der Kontrollalspekt dazukommen: Übe mit deinen Hunden, eine Position (Sitz/Platz/Steh) zu halten, während du das erste Leckerchen wirfst. Kombiniere bereits im Einzeltrainig den Hundenamen, wenn du mit der Aufforderung „Luna, schnapp's dir!" anschließend das Hinterherrennen freigibst. Übe, dass du deine Hunde auf dem Weg zum gerade fliegenden Leckerchen zurückrufen oder abliegen lassen kannst – selbstverständlich mit Jackpot-Belohnung für diese schwierige Leistung! Klappt all das mit deinen Hunden einzeln, kannst du zu zweit und zu mehreren mit ihnen Futterjagd spielen. Vergiss bei allen Trainingsaspekten nicht, den Spaß in den Vordergrund zu stellen. Statt deinen Hunden Warteaufgaben zu geben, kannst du auch jedes Mal mehrere Leckerchen Richtung 12 und 6 Uhr werfen, damit alle sich eins schnappen und gemeinsam rennen können. ■

Bei der Futterjagd soll der Hund nicht lange suchen müssen, sondern sich nach dem Aufnehmen des Leckerchens sofort umdrehen und in die andere Richtung rennen. (Foto: Madeleine Franck)

(Foto: Madeleine Franck)

FAMILIENFRIEDEN

Die meisten Hundehalter gehen davon aus, dass Hunde sich doch eigentlich von selbst untereinander verstehen müssen und man sich als Mensch besser nicht einmischt. Genau dies wird schließlich vielerorts und von verschiedenen Trainern propagiert. Besonders bei Konflikten solle man sich raushalten, um nicht alles noch schlimmer zu machen.

Dies ist nicht grundsätzlich verkehrt, führt aber doch in vielen Fällen dazu, dass sich Konflikte schrittweise verschärfen und schließlich eskalieren, wo sie durch ein frühzeitiges Einwirken des Menschen hätten verhindert werden können. Solange Konflikte auf einer Verständigungsebene gelöst werden, ist alles okay, aber die kommunikativen Fähigkeiten eines Hundes werden in einer Hundegruppe nicht immer von selbst in die richtige Richtung gefördert. Stattdessen kann sich der Umgangston nach und nach immer weiter verschärfen. Ist zum Beispiel Hund A gerade mit einem Kauknochen beschäftigt und Hund B kommt an und will den Knochen haben, sollte ein strenger Blick, vielleicht noch ein Knurren von A ausreichend sein, damit B von dannen zieht. Die wichtigste kommunikative Fähigkeit, die Hunde in einer Gemeinschaft beherrschen sollten, ist zu deeskalieren, im entscheidenden Moment wegzugehen und den anderen in Ruhe zu lassen.

Insgesamt kann man sagen, dass der Familienfrieden von drei wesentlichen Faktoren abhängt: zum einen von den Umgangsformen der einzelnen Hunde untereinander, dann von der allgemeinen Grundstimmung in der Familie und letztlich vom Verhalten der menschlichen Elternfiguren. Diese haben die Schlüsselrolle, denn sie können Einfluss nehmen auf Umgangsformen, Stimmung und zusätzlich in konkreten Streitsituationen für Frieden sorgen.

Gutes Benehmen und Umgangsformen

Was bedeutet überhaupt „gutes Benehmen und Umgangsformen" aus Hundesicht? Wie soll sich ein Hund verhalten, damit er diese Kriterien erfüllt? Wie schon erwähnt, ist die Fähigkeit zur Deeskalation ein wichtiger Bestandteil im Umgang der Hunde untereinander, der das friedliche und harmonische Zusammenleben erleichtert. Sich deeskalierend zu verhalten heißt mindestens, die Auseinandersetzung nicht zu suchen. Stattdessen sollte ein Vierbeiner Streit aus dem Weg gehen und beim Aufkommen von schlechter Stimmung einfach Abstand zum Gegenüber herstellen.

Ebenfalls wichtig ist eine vorsichtige Annäherung an andere Vierbeiner, indem erst einmal vorher angefragt wird, ob man gerade willkommen ist. Es geht also sozusagen darum, nicht gleich mit der Tür ins Haus zu fallen, selbst wenn man nur freundliche Absichten hat. Auch bei Hunden ist die Individualdistanz ganz unterschiedlich ausgeprägt und zusätzlich abhängig von der aktuellen Stimmung. Den anderen richtig einschätzen zu können fällt umso leichter, je entspannter die Situation ist, und umso schwerer, je höher die Erregung.

Wenn wir von „gutem Benehmen" sprechen, meinen wir im übertragenen Sinne, dass die Hunde miteinander flüstern, statt sich gegenseitig anzubrüllen. Alles in allem geht es also um die hohe Kunst der Kommunikation: sowohl die Signale eines Artgenossen richtig zu verstehen und angemessen darauf reagieren zu können als auch selbst gut zu kommunizieren. Wenn unter den Hunden geflüstert wird, reicht in der Regel ein Blick und es muss nicht geknurrt, gefletscht, gebellt oder geschnappt werden. Gute Umgangsformen sind nicht angeboren, sie müssen gelernt und geübt werden. Eine starke Rolle spielt dabei bereits die frühe Erziehung durch die Mutterhündin, die den Welpen im Idealfall zeigt, welche Signale die Hundesprache beinhaltet, und außerdem, dass unangemessenes Verhalten nicht toleriert wird. Dieses Zurechtweisen genauso wie frühe Erfahrungen mit Frustrationsbewältigung, etwa im Zuge des Abstillens, erleichtern den Welpen das Erlernen von Impulskontrolle, einer wichtigen Voraussetzung für respektvolles Verhalten. Anders ausgedrückt setzt es Frustrationstoleranz und Selbstbeherrschung voraus, einen anderen in Ruhe zu lassen, obwohl man selbst gerade Lust zum Spielen hätte.

Leider sind längst nicht alle Hündinnen für die Erziehungsrolle geeignet, und so kann es passieren, dass in dieser frühen Phase bereits das Gegenteil von gutem Benehmen eingeübt wird. Auch der Züchter hat schon früh einen entscheidenden Einfluss darauf, Verhaltenstendenzen der Welpen auszugleichen und sozusagen harmonisierend zu wirken. Leider sind aber auch längst nicht alle Menschen für die Züchterrolle geeignet, und so schauen viele einfach zu, wie einzelne Welpen sich mehr und mehr zu kleinen Draufgängern entwickeln.

DER MENSCH IN DER VERANTWORTUNG

Mehrhundebesitzer denken häufig, dass ihr junger Hund im Rudel ja genügend erwachsene Hunde vorfindet, die seine Umgangsformen beeinflussen. Tatsächlich tun sie das auch, denn der Lernprozess ist nicht aufzuhalten. Nur in welche Richtung sich das Sozialverhalten dann entwickelt, ist nicht immer ideal. Auch hier bleibt der Mensch in der Verantwortung, denn er muss dafür Sorge tragen, dass sein Neuzugang die „richtigen" Hunde trifft, um gutes Benehmen zu lernen. Um das zu vermitteln, sollte ein erwachsener Hund grundsätzlich andere

Nur wenn ein erwachsener Hund wie hier mit fein abgestuften Signalen kommuniziert, kann ein Welpe von ihm gute Umgangsformen lernen. (Foto: Madeleine Franck)

Vierbeiner gern mögen, selbst sehr gut und mit fein abgestuften Signalen kommunizieren können, aber auch bereit sein, Grenzen zu signalisieren und diese bei unhöflichem Verhalten durchzusetzen, ohne dabei Verletzungen zu verursachen. Auch wenn ein Hund der eigenen Familie dies gut kann, sollte man zusätzlich viele Begegnungen mit anderen souveränen Hunden im Freundeskreis arrangieren. Neigen die eigenen Hunde hingegen zum Überreagieren oder können ihre Grenzen schlecht signalisieren, ist es umso wichtiger, den Kontakt zwischen den Hunden zu beeinflussen, sie nicht unkontrolliert sich selbst zu überlassen und für Treffen des Junghundes mit ausgesuchten souveränen Hunden zu sorgen.

Die Hundebesitzer, also „Mama" oder „Papa", sollten den jungen Hund konkret anleiten und darin unterstützen, Signale zu befolgen, etwa indem sie dem Zurückweichen als Reaktion auf eine hochgezogene Lefze sanft mit der Leine nachhelfen, wenn der Hund nicht von allein darauf kommt. Zusätzlich kann jedes beschwichtigende Verhalten geclickt oder gelobt und belohnt werden. Im Normalfall ist es gar nicht so schwer, gute Umgangsformen zu lernen, wie es sich jetzt vielleicht anhört. Hunde sollten in der Lage sein, sich gegenseitig ohne Einmischung seitens des Menschen zu verstehen. Es ist aber leider so, dass inzwischen eine Kultur von Verhaltensweisen als normal betrachtet wird, die vom höflichen Umgang miteinander weit entfernt ist. Ein typisches Beispiel für diese Entwicklung sind die vielen Welpenspielstunden, in denen die Welpen das genaue Gegenteil von gutem Verhalten lernen, nämlich in der allgemeinen Erregung kleine Signale, die eigentlich Abstand herstellen sollen, zu missachten und sogar deutliche Drohgesten als Signale des Spiels zu interpretieren. Gleichzeitig wird in solchen Spielstunden die Intuition des Besitzers untergraben sowie seine Situationseinschätzung eingefärbt, wenn er lernt, den Anblick von mobbenden Rowdys als „schönes Spielen“ zu sehen.

KONFLIKTVERMEIDUNG

Wenn nun der Mensch, statt einfach zuzuschauen, seine Elternrolle spielt, gibt es mehrere Bereiche, in denen er Einfluss nehmen kann, um Konflikte zu vermeiden. Zum einen kann er durch Management einwirken, indem er nämlich entscheidet, wer mit wem spielen darf, auf den Spaziergang geht, zusammen allein gelassen wird und so weiter. Das ist besonders dann wichtig, wenn ein neuer Hund hinzukommt, vor allem wenn dieser Neuling ein Welpe ist. Da Hunde ja, wie schon beschrieben, vieles durch Abgucken lernen, sollte man auf gute statt schlechte Vorbilder setzen, wenn es um konfliktvermeidende Umgangsformen geht.

Auch ist der Mensch als Erziehungsberechtigter dafür verantwortlich, dass die Kinder rechtzeitig ins Bett gehen. Er muss Einfluss auf den ganzen Komplex Schlafen und Ruhezeiten nehmen, denn je mehr Hunde es gibt, desto größer ist die Gefahr, dass der Schlaf zu kurz kommt. Sind einzelne Vierbeiner oder eine ganze Gruppe nicht ausgeschlafen, steigt das Konfliktpotenzial. Gleiches gilt für das generelle Einhalten des Wohlfühlbudgets: Die guten Umgangsformen leiden zwangsläufig, wenn ein oder mehrere Hunde dauerhaft unausgeglichen sind. Ein Punkt, den man idealerweise vor der Anschaffung des Zweit-, Dritt- oder Vierthundes beachten sollte, ist, dass genügend Platz vorhanden sein muss, damit nicht die Enge sozialen Stress verursacht. Streiten sich zum Beispiel zwei Hunde auf engem Raum um einen Knochen, kann sich der Knochenbesitzer weiter provoziert fühlen, weil der andere Hund nicht weit genug weggehen kann, um seinen Rückzug zu signalisieren. Abgesehen von solchen möglicherweise konkret konfliktauslösenden Situationen gilt es, global die Wohlfühldistanz der einzelnen Hunde zu beachten. Während manche Hunde am liebsten mit Körperkontakt zum Hundekumpel schlafen, empfinden andere bereits die kleinste Berührung durch einen Artgenossen als Störung. Stehen nun die Körbchen dicht an dicht aufgereiht, wird sich ein solches Exemplar nicht wirklich entspannen können. Als Besitzer sollte man dies berücksichtigen und jedem den Rückzugsort schaffen, den er

Der Abstand zwischen den einzelnen Liege- und Rückzugsplätzen muss die individuelle Wohlfühldistanz aller Hunde berücksichtigen. (Foto: Madeleine Franck)

braucht, um sich wohlzufühlen.

Der Hundebesitzer kann das Klima in der Familie auch dadurch beeinflussen, wie er sich selbst in der Interaktion mit den Hunden verhält. Er kann Ruhe, Entspannung und Freundlichkeit vorleben und im Umgang mit seinen Vierbeinern einen netten Umgangston ohne Herumbrüllen und grobe Erziehungsmethoden praktizieren. Kooperative statt konfrontative Erziehungsmethoden reduzieren Stress und damit das Konfliktpotenzial in der Gruppe. Ein Großteil des Hundeverhaltens lässt sich schlicht dadurch beeinflussen, dass erwünschte Verhaltensweisen wertgeschätzt und entsprechend gelobt und belohnt werden, statt immer nur aktiv zu werden, wenn etwas schiefgeht.

VERHALTEN UNTERBRECHEN

Ganz konkret jedoch sollte der Mensch übertriebene Unfreundlichkeiten unterbinden. Was übertrieben ist, muss intuitiv eingeschätzt werden. So sollte man nicht zulassen, dass einzelne Hunde in andere reinbeißen und sie als Spielzeug missbrauchen. Wann dies als unfreundlich eingestuft wird, ist eine Frage der Intensität. Zwischen zärtlichem Beißen und gegenseitigem Knutschen bis zum hemmungslosen Herumzerren am anderen gibt es eine große Bandbreite. Wie weit sich die Bandbreite des Verhaltens der einzelnen Hunde entwickelt, unterliegt entweder der eigenen Dynamik oder dem Einfluss des Menschen. Ohne Einschreiten kann es passieren, dass der aktive Hund immer mehr Spaß am Beißen bekommt, während der passive immer weiter gegen Grobheiten desensibilisiert wird und so der gesamte Umgang in eine schlechte Richtung rutscht. Damit Unfreundlichkeiten sofort unterbrochen werden können, ist es wichtig, möglichst früh mit jedem neuen Hund ein gut funktionierendes Unterlassungswort (siehe Seite 74) einzuüben. Lässt sich mit einem Hörzeichen wie „Lass es" dem Hund auf nette Art mitteilen, dass sein Verhalten unerwünscht ist, wird durch die Unterbrechung einerseits sofort der Verstärker entzogen und andererseits entsteht Raum für eine Alternative. Ideal wäre es natürlich, unerwünschte Verhaltensansätze bereits vorbeugend zu verhindern und durch Management nur das Lernen von erwünschtem Verhalten zuzulassen. Aber bleiben wir realistisch – trotz bester Einflussnahme auf die Lernsituation kommt es in der Mehrhundehaltung automatisch zu Momenten, in denen die beteiligten Lebewesen etwas Unerwartetes tun, die Interaktion in eine schlechte Richtung driftet und es für Vorbeugung zu spät ist. Dann ein „Verbot" in Form des Unterlassungswortes auszusprechen ist auf lange Sicht effektiver, als das Problem momentan durch Ab- oder Umlenkung aufzulösen.

Noch konkreter und vor allem schneller sollte der Mensch akute Konfliktsituationen entschärfen, die von der Verständigungsebene wegzurutschen drohen, indem er sofort eingreift und nicht den Hunden die Klärung überlässt. Eine Eskalation sollte in jedem Fall vermieden werden, stattdessen kann aber eine kurzfristige räumliche Trennung guttun, bis sich die Gemüter wieder beruhigt haben. In der Regel gehen solchen Krisen jedoch latente und offene Spannungen voraus, die man durch gutes Beobachten früher erkennen und entschärfen kann.

Kommunikation beobachten, Stress erkennen

Vereinfacht ausgedrückt, kann man sagen, Kommunikation in einer Hundegruppe dient der Kooperation mit möglichst geringem Energie- und Ressourcenverlust. Sie soll das Zusammenspiel optimieren, wozu eine Vielzahl von feinen nonverbalen, aber auch stimmlichen Signalen zur Verfügung steht. Je kleiner die Signale, desto besser, weil leisere Signale weniger Energie verbrauchen und sich dadurch in der Regel ernste Auseinandersetzungen vermeiden lassen, die zu Beschädigungen führen könnten.

Nun hat die selektive Hundezucht durch den Menschen eine Vielzahl von Erscheinungsbildern bei Hunden hervorgebracht, was den Vierbeinern schon einmal ganz allgemein die Kommunikation erschwert. Spezielle Körpermerkmale machen es besonders schwierig, eindeutige Signale zu senden oder richtig verstanden zu werden, etwa Fell vor den Augen, eine nicht vorhandene Rute, ein Ridge (Streifen aufgestellter Haare) auf dem Rücken und so weiter. Manche Hunde wirken allein durch ihr äußeres Erscheinungsbild bedrohlich auf andere und geraten daher leichter in Konfliktsituationen, was sich wiederum durch Lerneffekte auch auf ihr Verhalten auswirkt.

In einer Hundefamilie entwickelt sich mit der Zeit nicht nur ein gegenseitiges Verständnis, sondern auch ein gewisser Dialekt der Hundesprache. Dieser Dialekt kann aus feinen oder groben Signalen bestehen, weshalb sich im Idealfall bereits der Schlüsselhund dadurch auszeichnet, dass er mit leisen Signalen kommunizieren kann.

Finn (im Hintergrund) zeigt deutlich, dass er Ärger vermeiden möchte. (Foto: Madeleine Franck)

WISSEN UND INTUITION

Auch der Mensch muss lernen, die Sprache seiner Hunde zu verstehen, wenn er Spannungen erkennen will. Zum Thema Körpersprache von Hunden gibt es in vielen Lehrbüchern Schautafeln, die einzelne Signale abbilden. Dort wird dann häufig einer bestimmten Körper-, Ohr- oder Rutenhaltung ein bestimmter Emotionszustand zugeschrieben und erklärt, welchen Kommunikationsinhalt das jeweilige Signal transportieren soll. Dies scheint uns eine sehr grobe Vereinfachung eines komplexen Verständigungssystems zu sein.

Solche Schaubilder orientieren sich in der Regel an wolfstypischen Hunden, wozu ein großer Teil der Hundepopulation aber nicht gehört, der stattdessen Schlappohren, Falten oder sonstige nicht übereinstimmende Körpermerkmale hat. Verschiedene Signale werden immer unterschiedlich intensiv benutzt, abhängig vom Typ, der Rasse, der Größe und auch der Lernerfahrung des Hundes. Und damit verändert sich auch deren Bedeutung. Jede Abbildung eines Kommunikationssignals ist eine reine Momentaufnahme, wogegen Kommunikation etwas ist, das ständig weiterläuft.

Woran sollte der Mensch sich also orientieren? Wie so oft lautet die Antwort: An sei-

Hündin Paula zeigt mit deutlicher Leckgeste, dass sie deeskalieren möchte. (Foto: Madeleine Franck)

Ebenfalls aus dem Repertoire der Konfliktvermeidung stammen Gähnen, Augenschließen und Kopfabwenden. (Foto: Madeleine Franck)

ner Intuition, die es ebenso zu schulen gilt wie die genaue Beobachtungsgabe für Kleinigkeiten. Mensch und Hund verstehen sich auch deshalb so gut, weil vor allem ihre nonverbale Kommunikation sehr ähnlich ist. Menschen wie Hunde empfinden es zum Beispiel als bedrohlich, wenn jemand ungefragt auf sie zustürmt, sie körperlich bedrängt, sie intensiv anstarrt oder anbrüllt. Und wie bei Menschen gibt es unter Hunden „kulturelle Unterschiede“ in der Kommunikation, die sich auf die Individualdistanz oder auch die Lautstärke auswirken, mit der sie sich üblicherweise austauschen. Trifft ein Spanier auf einen Norweger, können vielleicht ähnliche Missverständnisse entstehen wie zwischen einem Labrador und einem Windspiel.

Drohsignale können vom Hund offensiv oder defensiv genutzt werden; sie dienen vor allem dazu, Abstand herzustellen. Eine unvollständige Auflistung von zu dieser Kategorie gehörender Signale wären Ansehen, Anstarren, Knurren, Bellen, Zähnezeigen, In-die-Luft-Schnappen, Beißen – mit steigender Eskalationsintensität. Deeskalierend wirken dagegen Abstandhalten, Stehenbleiben, Wegsehen, Sich-aktiv-Wegdrehen oder Weggehen, Sich-klein-Machen, Wimmern und Jaulen, Licking-Intension (Zungezeigen beim sogenannten „Leckvorhaben“). Vor etwa 20 Jahren hat Turid Rugaas in ihrem Buch „Calming Signals“ nahezu jedes hündische Verhalten (mit Ausnahme der Drohsignale) als Beschwichtigungssignal interpretiert. Und genau das zeigt das Problem bei der Analyse einer komplexen Kommunikation: Jeder Hund kommuniziert individuell, abhängig von seinem Erscheinungs- und Rassetyp, von seinen Lernerfahrungen. Ein Hund, der zuvor eine Welpenspielgruppe besucht hat, geht vielleicht davon aus, dass Knurren eine normale Spielaufforderung ist. Nicht jeder Hund benutzt jedes Signal, oft werden einzelne Stufen der Eskalation übersprungen, noch häufiger mehrere Signale kombiniert.

Der Mensch muss also ein Gefühl für den Dialekt entwickeln, den seine Hunde sprechen. Spannungen und Stress lassen sich meist erfühlen, wenn man genau hinschaut. Laufen zwei Hunde auf dem Spaziergang freudig und locker nebeneinanderher? Oder laufen sie zwar nebeneinander, jedoch so, dass einer darauf bedacht ist, den Abstand wiederherzustellen, wenn der Zweite näher driftet? Da sowohl jeder einzelne Hund individuell kommuniziert als auch in jeder Familie eine bestimmte Sprache gesprochen wird, bedarf es einer Beziehung zu und Erfahrung im Umgang mit genau diesem einen Hund, wenn es einzuschätzen gilt, wie ein Signal tatsächlich gemeint ist.

WANN BESTEHT HANDLUNGSBEDARF?

Dass es hin und wieder Interessenkonflikte zwischen zwei Hunden gibt, lässt sich kaum vermeiden. Solange diese schnell gelöst werden, entsteht in der Regel kein ernstes Problem daraus. Beobachtet man jedoch, dass ein Hund häufig einen anderen in seiner Bewegungsfreiheit, beim Zugang zu Schlafplätzen, Spielzeugen oder im Kontakt zum Menschen scheinbar einzuschränken versucht, besteht akuter Handlungsbedarf. Die Rangordnungstheorie würde sagen: Alles bestens, dieser

Vierbeiner ist eben ranghöher und sollte in seinem Status unterstützt werden. Wir sagen: Gefahr im Verzug, als Eltern unterbinden wir dieses Verhalten mit dem Unterlassungswort und sorgen gleichzeitig dafür, dass der andere Hund zu seinem Recht kommt. Am besten gefolgt von ein paar gemeinsamen Maßnahmen zur Entspannung und positiven Interaktionen. Ansonsten ist der Familienfrieden gefährdet, denn es bestehen unterschwellige Spannungen. Und entweder werden diese schnell als offener Konflikt zum Ausbruch kommen oder sich längerfristig als innerer Konflikt für den „unterdrückten" Hund in Stress niederschlagen.

Zunehmender Stress lässt sich an ganz verschiedenen Verhaltensweisen beobachten, weshalb er nicht immer als solcher erkannt wird. Ein gestresster Hund wird vielleicht je nach Typ durch übertriebene Deeskalationsgesten auffallen, die sein Problem in der Gruppe jedoch nicht lösen können. Es ist gar nicht selten, dass ein Hund unter diesen Umständen depressiv wird und letztendlich in einen Zustand erlernter Hilflosigkeit verfällt. Vielleicht wird er stattdessen auch mit ständig schlechter Laune durch die Gegend laufen und in seiner Gereiztheit andere unbeteiligte Vierbeiner anmotzen. Vielleicht zeigt er jedoch etwas völlig anderes, wie vermehrtes Aufreiten oder Markieren, was dann klassischerweise als Dominanz interpretiert wird. Genauso wie ständiges Schnüffeln, Grasfressen, Abhauen und Große-Kreise-Drehen, Sich-Kratzen, Zeigen übertriebenen Spielverhaltens oder Kläffen kann jedes Verhalten dazu benutzt werden, den eigenen Stress zu reduzieren, wenn damit für den Hund positive Emotionen verbunden sind. So eignen sich Aufreiten oder Markieren, weil sie sich per se gut anfühlen, andere Verhaltensweisen können auf individuellen Lernerfahrungen oder rassetypischen Eigenheiten beruhen.

Werden Verhaltensweisen, die sonst kein echtes Problem sind, plötzlich intensiviert, wie das Vertreiben des Briefträgers oder das Suchen nach Jagdgelegenheiten, sollte ebenfalls darüber nachgedacht werden, ob ungelöste Spannungen in der Gruppe der Auslöser dafür sein könnten, dass dieses Ventil zum Stressabbau gesucht wird.

Bevorzugung und Gerechtigkeit

In der Beziehung zwischen Eltern und Kindern, also auch in der zwischen Mensch und Hund, wie wir sie propagieren, geht es nicht um Gerechtigkeit, sondern darum, individuellen Bedürfnissen gerecht zu werden. Jeder Hund hat seine Vorlieben und sollte so viel wie möglich von dem bekommen, was er sich wünscht. Beziehungen und Bindungen sind unterschiedlich eng, und es ist normal, dass man einzelnen Hunden verschieden nahesteht. Als Mehrhundehalter sollte man versuchen, den Anspruch auf Gerechtigkeit abzulegen und zu einer realistischen Einschätzung bezüglich der Bedürfnisse der Hunde zu kommen, um nicht ständig mit einem schlechten Gewissen herumzulaufen.

Hunde sind auch zufrieden, wenn sie nicht alle das Gleiche dürfen oder bekommen, solange sie das bekommen, was ihnen

Bei zwei verschiedenen Hunden geht es nicht darum, diese gleich zu behandeln, sondern jedem individuell gerecht zu werden. (Foto: Madeleine Franck)

wichtig ist. Trotzdem sollte man im Alltag Situationen vermeiden, in denen ein Hund sich konkret benachteiligt fühlt, damit kein unnötiger Frust entsteht, wenn Leckerchen, Essensreste oder Kausachen verteilt werden. In anderen Situationen lässt es sich aber vielleicht gar nicht vermeiden, etwa wenn man mit einem Hund zum Training geht und die anderen zu Hause bleiben müssen.

Zoff unter Hunden

Wenn es zwischen zwei Hunden in der Familie richtigen Ärger gibt, sie immer wieder übereinander herfallen oder es sogar zu heftigen Beißereien kommt, ist das so ziemlich der Super-GAU für Mehrhundehalter. Um diesen Ernstfall zu beurteilen und Lösungsansätze zu entwickeln, setzen wir mit einer Einschätzung auf drei Ebenen an: Wie ist der emotionale Zustand in der Problemsituation? Wie ist der allgemeine Stimmungszustand des Hundes im Alltag, also sozusagen sein Wohlfühlbudget? Und welche Verstärker halten das Verhalten aufrecht?

Jede dieser Einschätzungen ist individuell, und da zwei Hunde beteiligt sind, muss sie auch für beide erfolgen. Im Gegensatz zu standardisierten Pauschaldiagnosen wie „Dominanzaggression", „territoriale Aggression" oder „Ressourcenverteidigung" eröffnet diese Herangehensweise genau auf den Einzelfall abgestimmte Handlungsmöglichkeiten.

Beginnen wir mit der Ursachenforschung: Warum ist es zu diesen Beißereien gekommen? Besonders wenn nach langer Harmonie im Zusammenleben plötzlich Konflikte auftreten, gibt es oft einen konkreten Auslöser, der das Wohlfühlbudget eines der beteiligten Hunde betrifft. Ein erster Ansatzpunkt bei einer plötzlich hereinbrechenden Verhaltensänderung ist es deshalb immer, den (oder die) betreffenden Hund(e) vom Tierarzt gründlich durchchecken zu lassen. Vielleicht fühlt er sich insgesamt nicht gut, weil er unter einer Krankheit oder akuten Schmerzen leidet, die ihn besonders reizbar werden lassen. Vielleicht verknüpft er seine Schmerzempfindung mit dem anderen Hund, weil es immer dann wehtut, wenn dieser beteiligt ist, etwa weil der Rücken immer beim gemeinsamen Herumtoben schmerzt.

Versucht man die Verstärker einzuschätzen, die die beiden beteiligten Hunde aus ihrem aggressiven Verhalten ziehen könnten, muss man auch bedenken, dass das Stänkern an sich Spaß macht. Dies ist auf den ersten Blick weniger offensichtlich als der Erfolg, den eine solche Aktion bringt, wenn es konkret um den Gewinn eines Spielzeugs ging. Starke Verstärker können auch Erleichterungsgefühle sein, die sich einstellen, wenn man seinen Frust loswerden konnte oder wenn Ängste mitspielen.

Jede Erregungssituation wirkt aufgrund der körperintern ablaufenden Hormonausschüttungen selbstverstärkend auf das entsprechende Verhalten. Die Einschätzung des emotionalen Zustands in der Problemsituation hängt also eng mit den Verstärkern zusammen, denn hierbei geht es vor allem um die Höhe der emotionalen Erregung. Ist die Erregung so hoch, dass keine Selbstkontrolle mehr möglich ist und nur noch instinktives Verhalten zum Ausbruch kommt? Kommt es vielleicht dann zum Streit, wenn es sowieso gerade heiß hergeht, die Hunde schon erregt sind, weil gespielt wurde, Besuch klingelt?

Erregung wird fast immer als lustvoll empfunden, besonders wenn sie im Alltag ansonsten fehlt. Hier schließt sich der Kreis zur Einschätzung der Stimmung und der Ausgeglichenheit des Wohlfühlbudgets. Die Intensität jedes konkreten Problems verstärkt sich, wenn es eine Schieflage im allgemeinen Wohlbefinden gibt, manche Konflikte kommen nur deshalb zum Vorschein. Ein Hund, dessen Wohlfühlbudget im Plus ist, kann latente Spannungen in der Gruppe, die man als Besitzer vielleicht übersehen hat, besser kompensieren. Ist das Budget im Defizit, braucht er vielleicht die aufregenden Stänkereien, um für sich einen Ausgleich herzustellen.

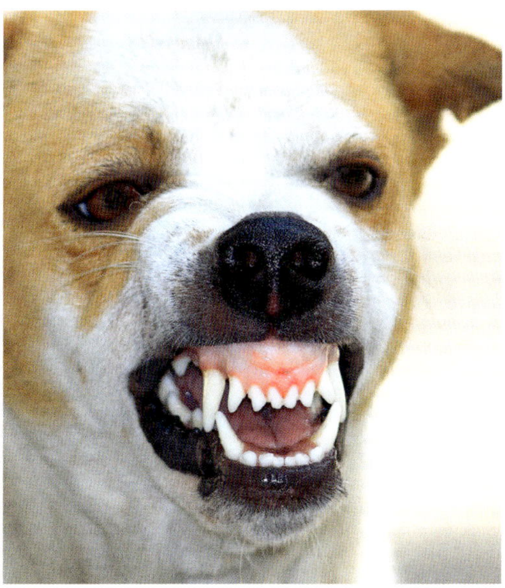

Kommt es zu Konflikten, sollte immer das Wohlfühlbudget der Hunde unter die Lupe genommen werden. (Foto: shutterstock.com/Mr Sutun photographer)

EINFLUSS VON ZYKLUS UND HORMONEN

Neben Krankheiten können auch andere körperliche Faktoren wie geschlechtsspezifische Hormone eine Rolle bei der Entstehung von heftigen Auseinandersetzungen spielen. Testosteron erhöht die Aggressionsbereitschaft und die generelle Bereitschaft zur Auseinandersetzung, weshalb man auf zusammenlebende Rüden besonders gut achten sollte, wenn eine Hündin aus der Familie oder in der Nachbarschaft läufig wird. Dies hat zur Folge, dass der Hormonspiegel der Rüden steigt und Spannungen wahrscheinlicher werden. Bei einigen Rassen, die besonders auf Muskelmasse gezüchtet werden, leiden manche Rüden dauerhaft unter einem zu hohen Testosteronspiegel, dessen individueller Wert durch eine Blutuntersuchung bestimmt werden kann.

Östrogene fördern zwar nicht die Bereitschaft zur Auseinandersetzung, haben aber einen mächtigen Einfluss auf die Stimmungslage einer Hündin. Je nach Zykluszeitpunkt und Intensität der Hormone kann sich deren Verhalten bis zur Depression am einen Ende oder Unausstehlichkeit am anderen Ende der Skala verändern.

Sind Geschlechtshormone aktiv, kann es innerhalb gemischtgeschlechtlicher Gruppen mehr Reibungspotenzial geben als im Anöstrus, der sexuellen Ruhephase. Auch wenn sich vielfach die Zyklen der zusammenlebenden Hündinnen angleichen, kann durch wechselnde Läufigkeiten in einer größeren Gruppe der latente Stress für die Hunde andauernd sein.

LÖSUNGSANSÄTZE

Als erste Sofortmaßnahme bei echtem Zoff zwischen den Hunden sollte man die beiden Streithähne räumlich trennen, um eine weitere Eskalation zu verhindern. So können beide zur Ruhe kommen und die ausgeschütteten Stresshormone wie Cortisol und Adrenalin werden wieder abgebaut. Die hormonellen Nachwirkungen einer heftigen Beißerei können Stunden bis Tage andauern, was keine gute Voraussetzung für eine friedliche Wiedervereinigung wäre.

In der Zwischenzeit kann man Lösungsansätze suchen, abgestimmt auf die Erkenntnisse aus den vorhergegangenen Einschätzungen. Handelt es sich eher um ein Erregungsproblem, gilt es, den situativen Erregungszustand der ganzen Gruppe oder zumindest der betroffenen Hunde zu senken und an der Selbstkontrolle zu arbeiten. Zu überlegen wäre auch, welche Managementmaßnahmen man einsetzen könnte, um die konfliktauslösende Situation in Zukunft anders zu organisieren oder vielleicht ganz zu vermeiden. Eventuell macht es mehr Sinn, die Hunde in bestimmten Situationen vorbeugend zu trennen, als intensiv an der Bewältigung der Situation zu trainieren. Besteht nur zur Fütterungszeit ein Problem und zwei Hunde gehen aufeinander los, wenn die Erregung bei der Vorbereitung des Futters steigt, ist es die einfachste Lösung, rechtzeitig einen der Hunde in einen anderen Raum zu bringen, bevor man zu den Näpfen greift.

Finden sich bei der Ursachenforschung gesundheitliche oder hormonelle Probleme, ist der Tierarzt die richtige Ansprechperson für weitere Schritte. Ergibt sich ein Ungleichgewicht im Wohlfühlbudget eines Hundes oder beider Hunde, kann man gezielt daran ansetzen und sich im Alltag um mehr Zufriedenheit bemühen, um die psychischen Abwehrkräfte des betreffenden Hundes gegen Stresssituationen zu stärken. Vielleicht braucht er einfach mehr Gelegenheiten, auf erwünschte Art „die Sau rauslassen" zu dürfen, damit er es nicht nötig hat, nach alternativen Möglichkeiten zu suchen, um sich aufzuregen.

Im Hinblick auf den letzten Punkt ist auch zu bedenken, dass aggressive Erregungsprozesse durch ihre Selbstverstärkungswirkung ein gewisses Suchtpotenzial haben. Aus diesem Grund ist es so wichtig, dafür zu sorgen, dass Hunde Konflikte nicht unter sich klären. Je öfter sie die Gelegenheit haben, körperliche Auseinandersetzungen zu praktizieren, desto mehr wird das Verhalten durch die Ausschüttung von Hormonen und Botenstoffen verstärkt. Selbst wenn die Überfälle anfangs nur von einem der Hunde ausgingen, wird auch beim sich verteidigenden Hund früher oder später eine Lernerfahrung einsetzen, die aggressive Strategien festigt.

Ist die Beziehung zweier Hunde durch wiederholte Beißereien bereits so zerrüttet, dass man die Hunde im Haus ständig getrennt halten muss, sollte man sich auch mit der schweren Frage nach der Abgabe von einem der Hunde beschäftigen. Hierbei geht es letztendlich um ein Abwägen der Lebensqualität, denn dauerhafte räumliche Trennung in der Familie bedeutet andauernden Stress für alle Beteiligten. Sowohl für die Menschen als

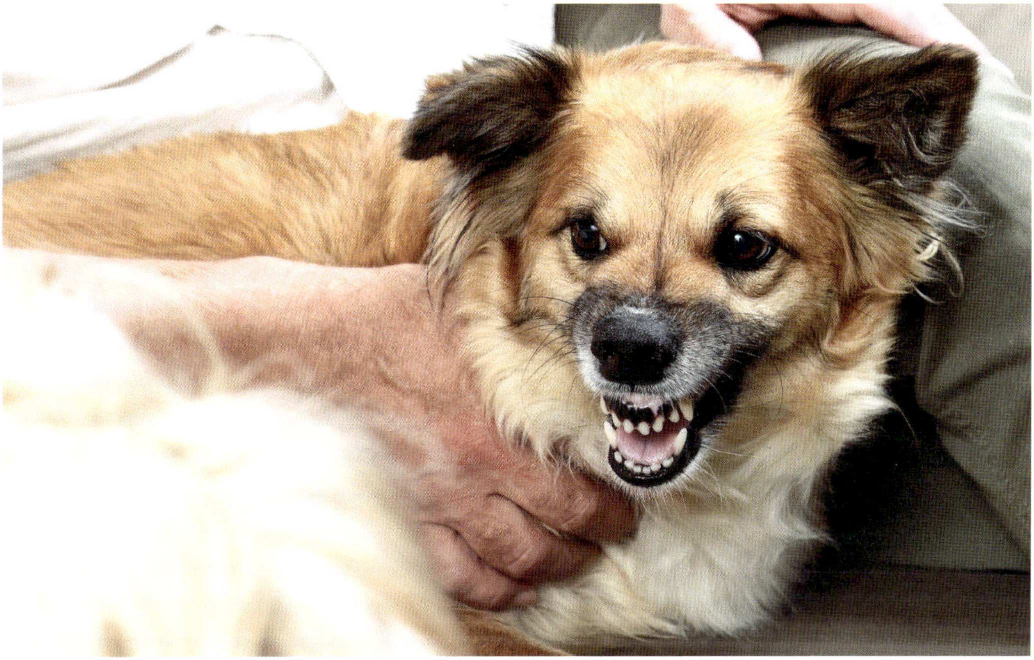

Nach einem eskalierten Konflikt ist eine vorübergehende Trennung nötig, damit beide Hunde zur Ruhe kommen können. (Foto: shutterstock.com/Agnes Kantaruk)

auch für die Hunde muss man sich ehrlich fragen, ob sie nach einer Trennung glücklicher wären – unabhängig vom Trennungsschmerz, denn der geht vorüber.

Ist es für eine Versöhnung noch nicht zu spät, steht nach Abklingen der Stresseffekte die erneute Zusammenführung der Hunde an. War der Zoff nur situationsbezogen, ist er nach einer vorübergehenden Trennung wahrscheinlich längst vergessen. Gab es andauernde latente Spannungen, müssen die Gründe dafür beseitigt werden. Am besten sorgt man erst einmal einzeln für gute Stimmung bei den Hunden und macht dann einen gemeinsamen Spaziergang. Sind dabei immer noch Spannungen erkennbar, sollte man, ähnlich wie beim ersten Zusammentreffen, die Anwesenheit des anderen Vierbeiners „schönfüttern" und durch Click-für-Blick positiv färben.

Eine Möglichkeit, die wir bisher noch gar nicht erwähnt haben, ist es, sich professionelle Hilfe durch einen Trainer zu holen. Oft sieht man selbst bestimmte Zusammenhänge nicht, weil man als Besitzer der Hunde zu sehr emotional involviert ist. Dann kann ein unvoreingenommener Blick von außen sehr hilfreich sein. Bei der Auswahl des Beraters sollte man jedoch vorher abklären, dass dieser lösungs- und verhaltensorientiert arbeitet und nicht versucht, Probleme auf der Rangordnungsschiene zu bearbeiten.

(Foto: Madeleine Franck)

NACHWORT

Als wir die erste Version dieses Buches geschrieben haben, lebten wir mit folgenden Hunden zusammen: James und Phoebe, unsere Jack Russell Terrier, dreizehn und elf Jahre alt. Dazu die beiden Border Collies Chance und Panda, zehn und vier Jahre alt, und unser Sheltie namens Sheltie, acht Jahre alt. Unser Rudel war eine klassische Patchworkfamilie, in der es unter den Hunden sehr harmonisch zuging, was sich aber durchaus auch anders hätte entwickeln können. Obwohl 2022 mit Panda die letzte Hündin aus unserer damaligen Hundefamilie verstorben ist, haben wir uns entschieden, ihre Geschichte in der Neuauflage zu belassen. Sie zeigt, wie komplex die Beziehungen in einer Mehrhundefamilie sind.

Als sich unsere Hunde kennenlernten, hatte Rolf zwei alte Border Collies, Leo und Maggie und die damals junge Chance. James hatte zu den neuen Hundegeschwistern anfangs eine klare Einstellung: Hier ziehe ich nicht ein! Zwar hatte er sich mit Phoebe abgefunden und angefreundet, aber eigentlich wäre er wohl am liebsten Einzelhund geblieben. In seiner ihm eigenen Art demonstrierte er seine mangelnde Begeisterung für das Großfamilienleben dadurch, dass er sich regelmäßig weigerte, das Haus zu betreten, und schon hinter der Gartenpforte wie eingefroren stehen blieb.

Die Beziehung von Phoebe und Chance hatte einen schwierigen Start. Die beiden verband ihre große Stärke, mit feinsten Signalen kommunizieren zu können. Und sie teilten auch ihre große Schwäche, nämlich genau diese Kommunikation abzuschalten und die Zähne einzusetzen, wenn ihre Erregung zu hoch stieg. Beide waren leicht erregbare Typen, beide liebten die gleichen Dinge. So gab es in den ersten ein, zwei Jahren mehrfach Situationen, in denen wir nicht genügend aufgepasst haben und Chance und Phoebe sich in die Haare bekamen. Hätten wir damals ein Frisbee geworfen und beide wären hinterhergerannt, wäre die Beißerei vorprogrammiert gewesen. Hätten wir sie einen solchen Streit austragen lassen, wäre ihre Beziehung mit Sicherheit den Bach runtergegangen. Mit der Zeit wurden die beiden älter, weiser, lernten sich zu beherrschen und wurden ganz nebenbei richtig gute Freundinnen.

Nachdem wir uns von Leo verabschieden mussten, zog Sheltie ein. Der damals schon acht Monate alte Kerl hatte freche Vorlieben, wie die Border Collies beim Rennen in die Rute zu beißen. Terrier James war „not amused" über diesen Neuzugang ... Die beiden stellten jedoch fest, dass sie auf gemeinsamen Abenteuerausflügen viel Spaß haben

Panda, Sheltie, Chance, Phoebe und James – eine unvergessliche Hundefamilie! (Foto: Madeleine Franck)

konnten – nur so viel zum Thema gute Vorbilder. Unser Sheltie war ein echtes Phänomen: Er verdreifachte jede Gruppendynamik, und wenn er nicht dabei war, kamen einem vier Hunde wie zwei vor. Dann herrschte himmlische Ruhe im Garten, weil der Anstifter zum Kläffen fehlte. Sheltie verbrachte nämlich regelmäßig die Zeit der Läufigkeit unserer jüngsten Hündin bei seinen Pateneltern, wo er – man staune – niemals im Garten kläffte und sich auch ansonsten mustergültig benahm. Kam er nach einem solchen Aufenthalt nach Hause zurück, mussten wir die Stimmung zwischen ihm und James für ein, zwei Tage im Auge behalten und öfter mal daran erinnern, dass Machoverhalten nicht erwünscht ist. Dann verstanden sich die beiden Rüden wieder gut, was mit Sicherheit anders gewesen wäre, wenn wir diese Situationen nicht sofort unterbrochen hätten.

Nachdem Maggie nicht mehr lebte, waren wir mit vier Hunden glücklich. Doch dann kam die damals fünf Monate alte Panda dazu, entgegen unserem festen Vorsatz, den nächsten Hund bereits als Welpen zu bekommen. Mit ihrer ungestümen Art eckte sie regelmäßig bei den anderen an, was sie mit unglaublichem Charme wieder ausglich.

Irgendwann hatten sich die Terrier sogar daran gewöhnt, hin und wieder beim Abrufen über den Haufen gerannt zu werden – und Panda hatte gelernt, sich zumindest Mühe zu geben, rechtzeitig zu bremsen. Bei ihrem ersten Wurf hat sie gezeigt, dass sie wunderbare Erzieherqualitäten besaß, was man ihr gar nicht automatisch zugetraut hätte. Sie ging zeitlebens jedem Konflikt geschickt aus dem Weg, auch wenn sie in ihrer Jugend ständig Sachen machte, die den anderen auf die Nerven gingen. Für unsere jetzige Hundegruppe war sie der Schlüsselhund und färbte mit vielen guten Eigenschaften auf die nachfolgenden Generationen ab. Und obwohl sie ein ausgesprochen positives Vorbild, sehr sozialkompetent und sicherlich unser besterzogener Hund war, ist das Leben mit jetzt nur drei Hunden noch mal ein Stück weit unkomplizierter geworden.

UNSERE HUNDE HEUTE

Aktuell teilen sich unsere beiden Border Collies KissMe und Ella das Sofa mit unserer Mini-Aussie-Hündin Funny und den beiden Maine Coons Mikesch und Pippa. Wobei Funny eigentlich selten Zeit auf dem Sofa verbringt, weil sie ständig im Bett unserer 13-jährigen Tochter Sontje abhängt. Tatsächlich verteilen sich unsere Hunde nun wunderbar auf unsere Drei-Personen-Familie: Funny ist Sontjes Hund, die ihre komplette Ausbildung von der Welpenschule über die Begleithundprüfung bis in den Hundesport übernommen hat und inzwischen mit ihr im Agility startet. Dass auch unser Sheltie in seinen letzten Lebensjahren zu Sontjes Hund wurde, merkt man bis heute in Funnys Verhalten. Sie hat von ihm nicht nur die Rolle des perfekten Kinderhundes übernommen, sondern neigt zum Kläffen und weiß genau, wie man den Rest der Gruppe anstiftet.

KissMe ist Madeleines Reitbegleithund und genießt diese Stunden ohne den Rest der Vierbeiner ebenso wie ihre Einzelzeiten beim Obedience-Training. Rolfs junge Ella ist zwar KissMes Tochter, erinnert jedoch in ihrer Art vielmehr an Oma Panda, deren Gene sie von der väterlichen Seite geerbt hat. Da Funny bei KissMes Wurf als Welpenspieltante fungierte, verbindet Funny und Ella eine besondere Beziehung. Die beiden lieben es, miteinander zu spielen, was KissMe manchmal dazu veranlasst einzuschreiten, wenn es ihrer Meinung nach zu hoch hergeht. Auch wir haben immer ein gutes Auge auf jegliche Interaktionen, denn mit drei leicht erregbaren Hunden kann nicht nur eine ungewollte Erregungsdynamik entstehen. Vor allem Ella ist sicherlich Zweiter-Hund-Syndrom-gefährdet, was man manchmal noch daran merkt, dass sie – als Einziger all unserer Hunde jemals – kein Interesse an Kontakt mit fremden Menschen hat. Sie wurde zu Anfang des ersten Corona-Lockdowns geboren, und obwohl wir uns bemüht haben, die eingeschrankten Menschenkontakte auszugleichen, sind neue Menschen ihr weniger wichtig als Hunde.

Was wir mit diesen privaten Einblicken sagen wollen: Keine Familie ist perfekt, unsere ist es ganz bestimmt nicht. Kein Hund ist perfekt, wie soll es eine ganze Gruppe sein? Jeder hat irgendwelche Schwächen, es gibt Erziehungsbaustellen und an manches gewöhnt man sich einfach. Uns ist vor allem wichtig, dass alle sich wohlfühlen und die Beziehungen im Lot sind, worauf wir immer Einfluss nehmen. In einer Großfamilie bleibt weniger Zeit für jeden Einzelnen, weshalb wir früher mit fünf Hunden öfter mal ein schlechtes Gewissen hatten. Trotzdem waren wir immer davon überzeugt, dass unsere Hunde zufrieden mit ihren Lebensbedingungen sein konnten und davon profitiert haben, mit den anderen gemeinsam zu leben.

(Foto: Madeleine Franck)

ÜBER DIE AUTOREN

Rolf Franck

Madeleine Franck

ROLF UND MADELEINE FRANCK

leiten gemeinsam die Partnerschule für Mensch und Hund in der Nähe von Bremen. Unter dem Namen „Blauerhund®" bieten sie Kurse, Seminare und Vorträge für Hundebesitzer an, bei denen es immer darum geht, Hunde emotional zu verstehen und zu trainieren. Ziel ihres Trainings ist stets ein ausgeglichener, ein „blauer" Hund, der seinen Alltag gelassen meistert. Sie unterstützen Hundebesitzer darin, eine stabile, liebevolle Bindung zu ihren Hunden aufzubauen und mit positiven Trainingstechniken im Alltagstraining, Hundesport und bei der Bewältigung von Problemverhalten erfolgreich zu sein.

Rolf C. Franck

Dipl. CABT (COAPE) hat etwa 30 Jahre Erfahrung in der Hundeausbildung und ist seit 1992 ständig als Trainer tätig. Er arbeitet seit 1996 als professioneller Verhaltensberater und hat zahlreiche Fachartikel und mehrere Bücher veröffentlicht. Rolf ist der erste deutsche Inhaber des Diploms in Heimtierverhalten und -training am Zentrum für angewandte Verhaltenskunde (England), wo er als einer der Kursbesten abschloss. Sein damaliger Tutor, Prof. Dr. Peter Neville, hat ihn 2004 zum Partner ernannt. Rolf ist Mitglied der „COAPE Association of Animal Practitioners", England. Rolf beschäftigt sich nicht nur beruflich, sondern auch in seiner Freizeit mit Hunden und Hundesport. Er war einer der ersten Hundesportler Deutschlands in den Sportarten Agility und Obedience und ist seit dem Jahr 2000 Leistungsrichter für Agility. Rolfs Zwinger „Lionheart Border Collies" besteht seit 1992 im CfBrH, aus seiner kleinen Zucht sind Champions im Ausstellungs- und Obediencering hervorgegangen.

Madeleine Franck

Die Diplom-Psychologin Madeleine Franck hat sich bereits während ihres Studiums an der Universität Trier mit der Beziehung zwischen Mensch und Tier, besonders im Rahmen Tiergestützter Therapie/Aktivitäten, beschäftigt. Für ihre Diplomarbeit konzipierte sie eine Studie zu den Persönlichkeitseigenschaften von Hundebesitzern und ihren Vierbeinern. Sie ist seit über 20 Jahren als Trainerin tätig und hat gemeinsam mit Rolf die Kurse der Partnerschule und Seminarreihen entwickelt, Vorträge, Artikel und Bücher geschrieben. Neben ihren Aktivitäten für „Blauerhund®" ist Madeleine seit 2012 für den Cadmos Verlag als Projektleiterin Hund tätig und Chefredakteurin des Bookazins SitzPlatzFuss.

Madeleine hat mit ihren Hunden (Jack Russell Terrier und Border Collies) zahlreiche Erfolge in den Hundesportarten Agility und Obedience gesammelt. Neben Hunden sind Pferde ihre liebsten Vierbeiner, was in Kooperation mit Pferdetrainerin Katharina Möller auch zu einem Buch über die Ausbildung von Reitbegleithunden geführt hat.

Anhang

Tipps zum Weiterlesen

Falconer-Taylor, Robert, & Neville, Peter (2013):
Emotionen einschätzen, Hunde verstehen. Das EMRA™-System als individuelle Herangehensweise an Verhaltensprobleme und deren Therapie. Cadmos Verlag

Franck, Rolf C., und Franck, Madeleine (2019):
Motivation pur. So begeisterst du deinen Hund. Cadmos Verlag

Franck, Rolf C., und Franck, Madeleine (2018):
Das Welpen-ABC. Junge Hunde positiv fördern und erziehen. Cadmos Verlag

Franck, Rolf C., und Franck, Madeleine (2021):
Das Buch für Hundeeltern. Hunde emotional verstehen und erziehen. Cadmos Verlag

Freiling, Karin Petra (2016):
Entspannungstraining für Hunde. Stress, Ängste und Verhaltensprobleme reduzieren. Cadmos Verlag

Lismont, Katrien (2017):
Hund trifft Hund. Entspannte Hundebegegnungen an der Leine. Cadmos Verlag

Panksepp, Jaak, und Biven, Lucy (2012):
The Archaeology of Mind. Neuroevolutionay Origins of Human Emotions. W. W. Norton & Company

Scheuer-Dinger, Ines (2016):
Abgeleint! Entspannt ohne Leine unterwegs. Cadmos Verlag

Theby, Viviane (2018):
Verstärker verstehen. Über den Einsatz von Belohnungen im Hundetraining. Kynos Verlag

Zum Weiterüben

Ergänzend zu unseren Büchern und Live-Seminaren, Workshops und Kursen, haben wir mittlerweile diverse Onlineangebote zusammengestellt, die jederzeit und individuell gebucht werden können. In unserem Onlineseminar „Darf's einer mehr sein?" findest du die Inhalte aus diesem Buch wieder, und im Onlinekurs „Alltagstraining und Grundlagen" gibt es in wöchentlichen Videoanleitungen einen Einblick in das praktische Training, das wir für jeden Hund – ob Einzelhund oder Teil einer Hundefamilie – empfehlen. Ausführliche Infos dazu findest du unter **www.elopage.com/s/rolfcfranck** und natürlich auf unserer Website **www.blauerhund.de**.

STICHWORTREGISTER